价值溢出时代的家具设计

孙凰耀 著

安徽美术出版社
全国百佳图书出版单位

图书在版编目（CIP）数据

价值溢出时代的家具设计 / 孙凰耀著. -- 合肥 : 安徽美术出版社，2024.4
ISBN 978-7-5745-0551-3

Ⅰ. ①价… Ⅱ. ①孙… Ⅲ. ①家具—设计 Ⅳ. ①TS664.01

中国国家版本馆CIP数据核字（2024）第054292号

价值溢出时代的家具设计

JIAZHI YICHU SHIDAI DE JIAJU SHEJI

孙凰耀 著

出 版 人：王训海　　责任编辑：刘　实
责任印制：欧阳卫东　　责任校对：司开江
出版发行：安徽美术出版社
地　　址：合肥市翡翠路1118号出版传媒广场14层
邮　　编：230071
营 销 部：0551-63533604　　0551-63533607
印　　制：文畅阁印刷有限公司
开　　本：787mm×1092mm　1/16
印　　张：10
版（印）次：2024年4月第1版　2024年4月第1次印刷
书　　号：ISBN 978-7-5745-0551-3
定　　价：75.00元

目录
CONTENTS

第一章 概述

在现今社会，知识具有溢出效应正是知识不同于普通商品之处。技术溢出效应一方面来源于示范、模仿和传播，另一方面来源于竞争。在家具设计领域，有创意的新作品投入市场后往往就会被争相模仿，并在此基础上产生更多的设计发展分支，甚至形成一种潮流，这就是家具设计领域溢出效应的显著表现形式。争做被模仿者成为知名企业的目标，在这种思潮的引领下，家具创新设计成为企业的核心竞争力。家具设计师具备多方面素质，现代家具设计师必备的基本素质就是设计创新和技术创新。本书从创意学的角度对家具设计的基本设计原理和方法加以阐述，更加突出创造性思维拓展，在理论和设计上互动融合，从家具设计创意案例入手进行分析，让读者了解何为价值溢出时代的家具设计。

第一节　价值溢出时代的家具设计概念

一、家具设计的概念

家具的使用在人类的发展史中贯穿始终，它不仅存在于人类生存的时间线上，更体现在人类的生存空间里。家具无时不在、无处不在，从一块石头、一段树桩这些最原始的坐具形态，到高背椅、舒适的沙发等多材质的坐具，从盘足而坐到垂足而坐的形式变化，生活方式的改变映射出人类社会的进步。家具因其多重功能在人们的衣食住行中占有非常重要的地位，与人类生活的各方面都有着密切关系。科技进步不仅让社会飞速发展，对我们的生活方式也有着巨大的影响，让家具设计随之不停地发展变化。家具的含义也随之变得更加广泛，成为一种文化形态与文明的象征，不仅包括生活器具、工业产品、市场商品，还包括文化艺术工艺品。所以艺术家和哲学家认为家具在人类发展史中地位不可替代，它作为维系人类生存和繁衍的器具与设备不可或缺，也从侧面反映了当时的人类生存环境和状态以及人类生存方式的进化与转变。家具形态的变化以及功能的多样化与人们的生活方式和工作方式的多样化相互影响、互相成就。

家具设计是通过计划构思的形成，把家具的设计思路通过视觉的形式进行传达并表现出来的。现代家具设计的设计构思是受到现代心理学和现代消费心理学、现代科学技术美学、现代科学和人机工程学等等多重因素互相影响而形成的设计想法。而传达这种设计想法可以使用从传统手绘到相对形式更多样的计算机设计效果图，再到实物模型的表现等多种方式。当然，设计师也会因为家具设计的具体要求不同而运用不同的设计形式，设计形式也与最后的设计样品，以及家具设计所涉及的生产方式、技术条件密切相关。

家具设计受到家具本身的材质属性制约，更强调其功能性，而造型美观性排在其后，再就是其制造工艺的精湛程度也影响以上两个方面。另外，现代家具设计的工业化生产让家具行业更注重企业品牌塑造、文化营销策略，也因为时代的进步会更注重社会服务和环境保护等方面的因素，这也是现代价值溢出体现在家具设计领域的一个典型特征。

无论是从西方国家的家具设计发展时间线还是我国的家具设计发展进程看，工业化的进程使家具的历史从木器家具的发展史摇身变成了家具多元化的发展史。东西方家具设计十几个世纪以来，一直在木器具的范畴中争奇斗艳，对手工技艺的要求越来越高，通过不断改进，家具从最初的功能器具，逐步演变成为一种造型精美、工艺精致的艺术品。工业革命为家具艺术带来了翻天覆地的变化，科学技术的进步大大加快了家具的发展，使其逐步进入工业化的发展轨道，家具的制作技艺不再是纯手工，家具的材料不再局限于木材质，家具的生产效率大大提升。另一方面家具设计受到现代设计思潮的影响，逐步摒弃了奢华的雕饰，造型简化，进一步符合人体工学，对以人为本的设计情有独钟。为了追求“以人为本”，现代家具在设计理念上进一步扩充了人类学、社会学、哲学、美学的思想。科技发展使新材料和新工艺不断涌现，也让家具造型更加变化多姿、特色鲜明。就这样，现代家具设计紧随着文化艺术的进步，其内涵与外延不断扩大，造型上千姿百态，功能上变化万千，文化上积极乐观。现代家具满足了人们生理、心理的多方面需求，成为引领人类新的生活方式、工作方式的物质器具。

二、家具设计的意义

家具文化的发展是人类文化的发展的缩影。从某种意义上说，对家具的使用，也是人和动物的一大重要区别。人与动物之所以拉开了距离，告别动物的生存状态，正是因为家具的创造和使用，使人拥有了人的体面与尊严，这是家具存在的基本意义。在人们衣食住行活动中，家具帮助人实现坐、卧的基本功能，还有储藏和展示等其他功能。在现今的家具设计领域，家具不仅具备基本的承载和收纳功能，更具有广泛的价值溢出，如家具在一定情况下成为社会地位与身份的象征。家具设计的价值溢出效应主要体现在通过公共体验与审美设计的家具所具备的创新点广为流传，并被同行甚至其他领域模仿、借鉴，创造出更多领域的价值。

人们通过家具来享用室内外建筑空间。古往今来，建筑空间依托于家具和室内空间的装饰，形成特定的室内氛围和风格。家具作为生活中不可或缺的器具，体现出不同时代生产力的发展水平。新时代家具新材料的研发、制作设备和工艺手法的创新，顺应了人类的发展需要从而逐步被推广，使现代家具设计形成了重要文化内涵。

各民族、各区域的风俗习惯和宗教信仰，各地人们的伦理观念和道德风尚，也在家具上有不同程度的体现。比如在中国普遍使用的八仙桌，它的坐序形成了特定的长幼、尊卑次序（图1-1）。同时，不同地域、不同民族、不同时期的家具在审美观念和审美情趣上也各具特色。中式家具的秀美典雅、美式家具的奔放粗犷、北欧家具的简约大方、意大利家具的严谨时尚，都充分反映了各个地区或民族不同的审美观。

图1-1　八仙桌

家具的美是多层面的，首先是实用性与审美性的协调统一，其次是艺术性与技术性的统一。不同造型形态的家具由材质肌理、色彩和特色装饰的变化来实现造型的独特，其中既体现艺术美，又体现出技术美。现代的家居环境设计中的绿色生态理念对新时代的家具设计提出了新要求，也进一步凸显新的价值溢出。绿色家具设计概念应运而生，它要求：遵循人与自然的生态平衡关系，遵守科学实用、节能环保、回归自然的设计规律，建立以人为本、生态环保的设计原则；运用生态学的原理和方法，以人、家具、社会与自然协调发展为目标，做到对自然资源的最优利用、减少环境污染、有节制地开发等，寻求可持续发展的最佳设计途径，创造适宜于人类生存的空间。为了让人们从紧张的工作状态中放松下来，现代家具设计进一步强调自然色彩和天然材质的运用，在健康、舒适、安全的环境中，使人们可以感知自然、享受自然，实现家居环境与自然环境的和谐共生发展。

家具无时无刻不陪伴在人们的左右，它的造型形态特征、装饰风格特色无不体现着历史价值和时代的设计符号，也潜移默化地影响着人们的精神生活、审美意识，从而成为改善人居环境、提升生活质量、促进人类精神生活健康的重要手段。因此，设计一件家具和设计一部汽车具有同样的重要意义。家具可以传播时尚、活跃市场、丰富精神生活，它最能体现人类生存的状态和生活方式，也维系着人类生存和发展。因此，设计创新和技术创新成为家具设计师的核心竞争力。同时，从事家具设计还要深入研究文化，准确把握市场，要有高度的社会责任感，全身心投入才能取得高的成就，这与时代的发展和科技的进步密不可分，科技带来更多的创造空间，使空间的功能性发生变化或融合，产生新的价值溢出。

三、家具文化特征

人类文明是在不断适应自然环境或与恶劣环境抗争的长期磨合下产生的，这就使得不同的地域和民族会形成不同的特色文化。例如从我国历史进程可以明显看出，不同的地域形成不同类型的文化，如齐鲁文化、巴蜀文化、楚文化等；又或是在不同国家也会产生不同类型的文化，如中国文化、古希腊文化、古埃及文化和古印度文化等，这些都是特定生存环境和历史条件下的产物。不同地域和民族文化上的差异性和独特性也折射出人类文化的丰富性和多样性。每一种文化类型都有它特定的构成方式及相对稳定的特性，我们将这种构成方式称为文化模式，如：中国人和西方人的穿着习惯不同，形成了服装纹饰的不同模式；居住习惯不同，形成了建筑形式、纹样的不同模式；生活起居方式的不同，形成了日常使用器物包括家具文化模式的不同。这种

文化模式并不是人们主观臆造或设计的产物，而是受到特定的文化环境长期影响形成的，与人类的生活习俗、社会环境、心理性格、宗教信仰等相互关联。文化模式的历史个性是人们长期适应一种文化模式而表现出来的心理性格、行为特征，从而形成特定的生活模式。如我们经常提到的民族文化模式包含了民族风格、民族特色和艺术设计风格特色，家具是文化模式的载体，从它的身上我们可以看到历史、政治、经济、宗教、人文等显著的时代特征和民族特色。

（一）地域性特征

一个区域或国家的自然环境、文化背景影响着当地的经济状况，塑造了家具的地域性特征。浓厚的乡土人文特色和充沛的民族造物活力都是由区域文明的差异带来的，人的性格差异也是受到不同地域地貌、自然资源、气候条件的影响形成的，随之也形成了迥异的地域风情。不同的地域风情必然造就家具品类、功能材料等的差异。就我国而言，南、北方的差异巨大：南方山秀水明，南方人的性格更为文静、细腻，家具造型则小巧精致、造型多变；北方山雄地广，北方人的性格显得质朴、粗犷，家具造型表现为尺度粗犷、敦厚质朴，显得厚重、稳定、端庄。“南方的腿北方的帽”的说法也是根据南北特色形成的，也就是说南方的家具追求家具脚型的秀雅多变，而北方流行稳重、大气的大帽盖。在家具色彩上，南方更喜欢淡雅清新，北方更钟爱深沉凝重的色彩。（图1-2、1-3）

图1-2 北方家具

图1-3 南方家具

（二）民族性特征

家具存在于生活的方方面面，其造型总能让我们感受其中所蕴含的民族特色和艺术形式。不同的民族审美意识情趣总体现在不同的艺术表现形式上。从建筑造型到室内装饰，充分体现着民族特征。从家具文化上看，家具的民族性特征与地域性特征两者关系密切不可割裂，如日本民族生活在海岛上，室内空间与家具尺寸都偏小，因此仍然保留着席地而坐的生活习惯，坐具大多只有坐垫和靠背，与垂足而坐的高腿椅有很大差别。北欧国家森林资源丰富，所以流行实木家具，家具结构简洁优美，融合了民族手工与传统的造型美，其室内家具与室外环境保持着高度的和谐。（图1-4、1-5）

图1-4 日本家具

图1-5 北欧家具

（三）时代性特征

不同历史时期的家具文化通过家具风格、材料装饰等的特征显现，也反映出不同时代的经济发展特征。纵观整个人类文化的发展，家具发展的时代性特征非常显著。古典时代、中世纪、文艺复兴时期、现代和后现代的家具均随着人类经济水平的发展而呈现出不同的风格与个性。家具文化的发展与人类文化的发展相依存，每个时期的造型形态的主导风格都能充分体现出家具的时代性、阶段性。农业社会家具特色主要体现在手工制作上，家具风格上以古典式居多，手工业的制作让精雕细琢、简洁质朴体现得淋漓尽致；在工业社会，家具的生产方式变化为批量生产，这使家具造型设计风格变得不加装饰，简洁平直，主要追求极致的机械美、技术美、功能美。（图1-6、1-7）

当代社会信息发达，现代家具风格更趋于多元化，它既是当代人生活方式的映射，也是当代技术、材料和经济水平的映射。当代家具设计更加偏重文化语义的表达，兼容了地域、民族、传统、历史等多方面的特征，在家具艺术语言上与时代共同进步。个人色彩的发展，使造型形式从单一走向多样化，因此家具的个性特色越发浓厚，这也正是当前家具的时代性特征。

图1-6 文艺复兴时期家具

图1-7 现代家具

（四）传承性特征

家具的出现源于人类的需要，人类文化的逐渐沉淀形成了家具文化的传承性特色。社会的发展使人类对精神生活的需求增长，于是家具装饰就出现

了，并且社会越发达，家具装饰特色就越丰富，文化内涵也越高深。家具文化除了在固定的地域、民族有一定的传承外，还会以某一地区或民族为中心，随着文化的交流向外传播，使不同地域、民族的家具文化相互影响，产生家具文化的交融和传承。北欧设计师“椅子之王”汉斯·瓦格纳钟爱中国明式家具，通过多年潜心研究，成功将明式家具素雅而优美的特色融入他的多件设计作品中。历史总是有很多巧合，设计的传承影响深远，随着资讯越发发达，地域、民族之间的联系越发紧密，中国著名家具设计师朱小杰，深受深爱明式家具的北欧设计师汉斯·韦格纳的影响，设计作品传承了简洁优雅的特色，他说:“我设计的家具不仅是一件有使用价值的产品，更重要的是它是一种生活方式，一种自然、亲切、平和又简单的生活方式。”

所以说，人类的精神文化为家具的物质文化打基础，家具文化随着世界文化的交流，不断辐射传播、借鉴交融、传承更迭，形成新的设计特色和体系。

第二节 价值溢出时代科学与技术发展对家具的影响

随着时代的进步、科学的发展、技术的变化，家具设计成为越来越融艺术和科技于一体的设计体系，家具设计的价值溢出也不断达到新的高度。现代家具设计每一次的创新和变化都是科技的进步带来的，在工业革命之后，现代家具发展和科技发展的并行关系表现得尤其明显。现代家具设计的新技艺、新材料的出现与革新无不是由新科技不断推动的，与此同时新科技也给家具设计带来了层出不穷的新造型设计、新流行色彩、新结构功能。科学技术的前进也带来了新时代人们的审美情趣的提升、流行时尚的变化、生活方式的进步。

从家具的发展史来看，可以梳理出两条重要的发展路线：一方面家具工艺技术的不断革新与进步来源于新技术、新材料；另一方面信息技术的发展使现代艺术、建筑设计、家具设计产生了飞跃般的发展，带来了制作工艺从机械化到自动化的转变，家具造型方面的创新和更迭。具有超前意识、创新意识的家具设计师敏锐地发现了新技术、新工艺带来的机遇和挑战。

一、新技术、新材料带来的革新与进步

现代家具史上，奥地利家具设计师索内特设计的弯曲木椅是最早的现代家具的代表作，最初的销售量就超过4万件。工业化使弯曲木椅能够大批量、标准化生产，因为现代机械弯曲木艺新技术和蒸汽软化木材新工艺的出现，让制作变得更加有效率，而且弯曲木椅设计新颖、美观大方、价格适中，被消费者争相追捧，也成为现代家具纷纷效仿的楷模。(图1-8)

工业革命后现代家具行业迎来了划时代的革命，一直到今天家具行业仍在不断导入高新技术，家具设计制造、管理和销售等方面都发生了翻天覆地的变化和进步，机械化的生产方式发展为自动化的生产方式，生产模式形成了家具部件标准化、系列化和易拆装的细化模式。另外，计算机技术的广泛应用使家具行业中的设计周期极大地缩短了，为了降低生产成本，人们进一步研发了计算机综合制造的新模式，至此，计算机辅助设计全面导入现代家具设计领域。现代家具设计的创造性和科学性的提高源于计算机技术，因此计算机技术作为一项关键技术和强大工具成为提高家具市场竞争力的最大助力。

现代家具设计的创新来源于科技的变革和发展，并体现出更多的价值溢出。现代冶金工业生产的优质钢材和轻金属在工业革命后陆续出现，进一步

图1-8　索内特和弯曲木椅

图1-9　布鲁耶的钢管椅

被广泛地应用于家具设计，是家具从木器时代发展到材质多元化时代的重要转折。来自德国包豪斯设计学院的天才家具设计师布鲁耶在20世纪20年代，开发设计了系列钢管椅。这款椅子的基本骨架使用了抛光镀铬的钢管，椅垫和靠背搭配使用的是帆布和牛皮，造型流畅、线条简洁、功能合理，流行至今。（图1-9）

二、现代信息技术的革新带来家具造型演变

科技使现代艺术产品发生了日新月异的变化，并进一步融入家庭，也使建筑环境、家具设计逐步朝智能化与信息化发展，使人们从视、触等感官上得到了一个全新的体验，传达出建筑家具的新语义和新的价值溢出。人的生活、工作和休闲方式因为信息时代的到来而发生了巨大的变化，信息沟通形式也更加多样化，创造出人与物、人与空间环境之间的人机交互，也促进了信息化时代家具设计形式的丰富，激励起设计师们的想象，带来了更多、更大的

创新空间，使家具设计师们的作品更具创新性、探索性和挑战性，家具行业随之迎来了巨大的市场。例如，信息时代的办公家具设计使办公模式发生重大变化，由早期集体办公模式转变成具有独立办公空间的模式。这里的独立办公空间模式不仅是指在办公场所使用的相对空间独立、功能齐全的办公家具，更是指因为信息网络的快捷性、虚拟性的实现，办公空间与生活空间的界限变得模糊。富有信息时代特色的SOHO（小型家居办公室）家具设计就是代表作，它使办公与住宅家具融为一体，使家庭的普通书房或起居室变为智慧化的高效家庭工作室。（图1-10、1-11）

图1-10　SOHO家具设计1

图1-11　SOHO家具设计2

科技与现代艺术设计的结合更加紧密，不断创造出新时代的设计产物，带来了现代艺术设计、建筑设计、家具设计的巨大变化和进步，设计新形式的出现也改变着人们的生活方式。一名优秀的家具设计师，应该时刻关注当代新科技的发展，以及随之而来的新技术、新材料和新工具的发展变化。信息化时代的家具设计师在知识结构、综合素质、设计手段运用等方面与传统家具设计师的最大区别就是懂得运用现代信息技术，因此现代家具设计师应该是既懂时代艺术也懂信息技术的新一代家具设计师。现代科技和艺术设计给中国家具设计插上翅膀，一定能实现中国家具的真正腾飞。

第三节 家具设计相关领域

家具设计的价值溢出体现在建筑设计、室内设计、工业设计等多个方面，它们之间本身就关系匪浅，随着时代进步和科技发展更加密不可分。

图1-12 哥特式建筑

一、家具设计与建筑设计

家具设计与建筑设计的关系自古以来就密不可分，建筑的风格样式变化一直影响着家具设计的风格流变。以风格样式为例，欧洲中世纪流行的哥特式建筑风格，不仅体现在宗教建筑本身，也体现在一大批教堂内部家具的风格样式上。哥特式建筑的特点是尖拱，宽大的窗子上嵌有彩色玻璃图案，广泛运用簇柱、浮雕等层次丰富的装饰。这种艺术风格是中世纪艺术的最高成就，这类建筑的代表有：巴黎圣母院、科隆大教堂、坎特伯雷主教堂等。哥特式家具也具有哥特式建筑的鲜明特色，给人以挺拔向上的感觉，如采用尖顶、尖拱、细柱、垂饰罩、浅雕或透雕的镶板装饰等等。哥特式家具的艺术风格特色在于它豪华而精致的雕刻装饰，几乎把家具的每一个平面都进行了有规律的划分，进行嵌板等装饰工艺，题材多样而丰富，如衣褶、火焰等纹样，窗头花格等。（图1-12、1-13）

图1-13 哥特式家具

许多建筑设计师为了追求建筑设计和室内装饰的协调，同时也会做家具设计的相关项目。从建筑师参与家具设计来看，如荷兰风格派的代表人物海里特 · 里特菲尔德，代表作有施罗德住宅等，同时他设计的家具——红蓝椅（图1-14），充分运用了立体派的视觉语言和风格派的表现手法，成功将二维平面转向三维空间。他的这件作品堪称建筑设计和家具设计领域相互影响的经典代表作。而另一位国际主义风格建筑大师密斯 · 凡 · 德 · 罗既是巴塞罗那博览会德国馆的设计者又是巴塞罗那椅（图1-15）的设计者。可以看出，他一贯坚持的“少即是多”的设计思想无论是在他设计的建筑还是家具上都体现得入木三分。

图1-14 红蓝椅

图1-15 巴塞罗那椅

此外，朗香教堂的设计师柯布西耶、流水别墅的设计师赖特、肯尼迪机场环球航空公司候机楼的设计师萨里宁等一大批建筑设计大师均不同程度地参与过家具的设计，佳作层出不穷。建筑师赖特是其中的佼佼者，他对于家具设计的看法甚至比一般的家具设计师更为深刻。赖特认为家具是住宅中不可分割的一部分，只要条件允许就会亲自设计住宅中所有的家具和陈设，以保证他“有机建筑”理念的落实。他将家具视为建筑整体的一个局部来考虑设计，设计的家具种类繁多，涉及的范围涵盖长椅、方凳以及专用的桌子、酒柜、书架等。赖特设计的居室中，家具与室内的线条和谐共生，线条垂直挺拔的高背椅和桌面厚实、腿足坚实的桌子搭配出和谐的空间环境，运用的技法多样，如刻花玻璃在形式上与建筑立面精心设计的艺术玻璃窗遥相呼应。由此可见建筑设计与家具设计联系紧密，优秀的建筑设计总是与优秀的家具设计相互辉映。

二、家具设计与室内设计

家具是室内空间的主要构成部分。家具设计师在室内设计的整体创意下，进一步深入设计，对室内设计创意进行完善和深化而创作出与室内创意相辅相成的家具。要营造理想的室内空间，就必须处理好家具设计环节。简单来讲，家具的空间作用主要有两点，即改善空间形态和调节室内色彩。就改善空间形态来讲，一般情况下，空间因为它的固有特性，要改变原始形状成本很高，因此人们会选择利用室内家具来重新组织交通流线、划分空间，是个经济又实用的方式；就调节室内色彩来讲，从形式美的角度看，室内空间与家具色彩构成了整个室内设计的主基调，好的色彩搭配对人们的生理和心理健康可以起到积极正面的作用和效果，优秀的室内空间色彩往往需要通过家具的色彩来调节，以满足人的审美需求。(图1-16、图1-17)

图1-16
室内设计与家具设计
相辅相成1

图1-17
室内设计与家具设计
相辅相成2

三、家具设计与工业设计

（一）家具与传统手工艺

家具设计与制作以工业革命为分水岭，之前是以传统手工艺制作家具为主，主要的选材也集中在木材上。手工艺行业范畴里的家具设计师往往和家具制作者是同一个人，在技艺传承上采用师傅带学徒的方式，完全是凭借口口相传，学徒在没有设计图纸的情况下，通过长期耳濡目染、不断的实践等方式积累经验、技艺。这就造成生产效率不高，也容易造成已有的技艺失传的情况，基本上由手工艺制作的产品制作工具简单，制作周期长，且都是单件成品。使用的主材为天然材料：各种木、竹、藤、石材等。天然材料独具特色，每件作品都是独一无二的，但是纵观家具史，材料的局限性也为家具设计带来了不可忽视的制约，再加上制作工具简单、加工手段原始，以及不同程度地受到手工艺人个人的素质的限制，如审美观念、工艺水平、制作经验、地域文化、风俗人情等诸多方面的影响，因此，传统家具体现的是每个时代手工艺人的素养和经验。

家具在手工艺时期的制作弊端明显，如不能大批量生产、生产周期长等。因为使用天然材料及加工技术的局限，手工艺年代的上层贵族家具需求和下层百姓家具需求之间在品质上有巨大区别。一方面，精品家具是为满足皇族权贵、宗教神权奢华舒适的生活而存在的，作品为了体现上层社会统治者的权威，制作工艺考究，装饰华丽丰满。尤其是在18世纪，处于封建社会晚期，手工家具技艺发展登峰造极，进一步追求繁复精细的雕刻、华丽奢华的装饰和完美细腻的工艺。在中国，清代皇家宫廷家具最具代表性，在欧洲的代表有洛可可、巴洛克风格和新古典主义风格的家具。另一方面，朴素大方的家具是由一批在社会底层的手工艺人制造的，简单实用的家具就出自他们之手。同时勤劳的手工艺者发挥才智，发展出用竹、藤、柳等天然纤维材料进行编制的家具，这些家具民族地方特色鲜明，就地取材，方便实用。

人类宝贵的物质文化遗产不仅包括精致奢华的宫廷家具，也包含简朴实用的民间家具，这些优良的传统技艺都应该被现代家具传承下去，并发扬光大。具有完美技艺的民间艺术有很多被世界人民保留了下来：有江南民居、明式家具，还有欧洲的民居建筑、奥地利的曲木家具等等。这些永远是现代家具设计的灵感源泉。

（二）家具与现代工业设计

18世纪，工业革命揭开了人类文明史新的一页。这个时期是手工艺的发展登峰造极的时候，也是最需要突破革新的时候，工业革命正好带来了发展契机。工业生产体系的建立翻开了现代家具的新篇章。城市生活开启了新模式，工业化家具开始取代传统手工家具，引起了人们生活、工作、休闲方式的巨大变化。宫廷家具和民间家具的壁垒被随着工业发展产生的中产阶级打破了，大批量生产的家具也有了销售途径。信息的发展也让家具的分化状态逐步走向一体化。一些敏锐的家具设计师抓住这个契机，既继承了完美技艺的传统又把这些精华移植到现代家具产品中，其中的杰出代表家具有现代意大利家具和北欧的丹麦、芬兰、瑞典的家具。

现代工业设计的变革伴随着大众消费时代的到来，个性化的新型家具产品被追捧，才让“设计”这个分工在现代家具文化中发挥着更重要的作用，促使它独立存在。现代家具设计并没有让传统的手工艺人完全消失，从传统手工艺者中逐步独立出来的一批人，就是我们现在的家具设计师。手工艺者在劳动的分工中分工越来越细，设计与制造开始逐步分离，这深刻体现出工业革命的基础原则——劳动力的分工。体力劳动和脑力劳动的分工，结束了几千年来手工艺人个体生产的历史，这是一个具有划时代深远意义的变革，不仅带来了生产力的大幅提高，也让大多数人享有了更多的便利和好处。专业化家具生产机器被广泛应用，家具变成了一种大批量的机械化制造产品，还在使用中不断被发明和改进，因此家具就是现代工业产品，现代工业产品

设计包含家具设计。

在今天，高科技的全面介入加速了现代工艺、多领域设计和艺术的互相渗透。新材料和新工艺的不断出现，促使家具设计的文化内涵和外延不断地扩大和进步，人类生活、工作、休闲各方面方式也随着家具设计的不断创新而逐渐改变。现代家具正在逐步转化为文化产品。在生活中，家具的物理属性不仅使人类的生活与工作更加舒适高效，还能从审美上给人美好的精神享受。

所以，现代家具设计是现代工业产品设计的重要分支，大致拥有三个基本特征：一是建立在大工业生产的基础上；二是建立在现代科技发展的基础上；三是发展出部件标准化的制造工艺。

全球化时代的到来，打破了传统设计的空间性和时间性，家具设计的价值溢出体现在方方面面，家具功能、审美需求上，推陈出新的步伐越来越快。随着社会的进步和人类认知的发展，家具设计的内涵和外延已经扩展为物质功能和精神功能两方面的复合体，同时“以人为本”的设计思想贯穿于家具设计中人体工学的运用上。现在社会的多元性与个性直接影响到家具设计领域，在材料的使用上，主要体现为多种材质的搭配，造型设计更加大胆，功能复合化的家具层出不穷，颜色设计上更注重鲜明与个性，工业化生产也采用了越来越先进的机械设备和工艺技术。其价值溢出带来的美和社会价值更加层出不穷。

第二章

家具设计创意表现形式

在充分考虑家具的使用功能、材料属性、结构工艺等因素后，灵活运用各种形式美法则，以创造良好外观形态为目的的设计活动就是家具造型设计。家具造型设计方法及表达形式有多种，普遍得到大家认可的有理性造型法和感性造型法两种。所谓理性造型法，是指以理性美学原则为基础，结合抽象思维，采用纯几何形体作为家具的外形样式的设计方法。理性的意识和理性思维的过程，是该造型法的核心。感性造型法是以感性美学为基础，采用富于感性理念和自由的外形样式，在此基础上又进一步打破自由曲线或直线构成的形体范畴，体现感性原则又超越抽象表现范畴的造型设计方法。两种方法各有所长，前者具有清晰的条理、严谨的次序、精确的比例，后者自由发挥不受约束，具有鲜明的个性，两者相互结合方能发挥各自的优越性。

第一节　家具造型设计创意要素

一、家具造型形态创意设计

家具的造型设计首先源于材料的运用，了解材料才能更好地进行创意设计，更深入地了解家具设计创意的内涵和外延。

（一）家具设计的材料与创意设计

材料在家具创造形态造型设计中有着不可替代的作用，不论多么独特的造型，在没有恰当材料的情况下也是无法实现的。无论是传统手工艺还是现代工艺技术，都需要附于材料才能体现出家具的色彩、形态和质感。家具材料通常划分为二类：一类为天然材料，另一类为人工材料。材料的不同首先带给人的就是感官上的区别，再经过现代工艺技术的打磨，把材料本身的特质进一步凸显出来，或张扬或内敛，或柔软或坚硬，或光滑或粗糙，把材料之美发挥到极致，而现代技艺的进步使材料的处理变得更加简单和多样化。因此，家具的品质可以通过恰当强化家具材料的特性，增加艺术效果体现出来。

家具设计发展到如今，出于环保、创新等多方面考虑，材料的创新运用上更加强调自然材料与人工材料的有机结合，例如竹、木、藤等天然材料和玻璃、金属、树脂等人工材料相互搭配、有机结合。人工材料通过机器加工体现出精确、规整的特质，自然材料则通过手工制作体现出竹、木、藤等材料的粗放、天然的纹理，传递出自然的意趣。因此一部分现代家具设计师把巧妙的心思运用在人工材料与天然材料结合上，将精确与粗放的质感通过融合或对比等手法结合，让消费者感受到材料迥异的视觉反差细节，进而呈现出家具材质的设计美。

1. 家具材料的物理属性

通常家具设计师在材料的选择上优先考虑的是材料本身的物理属性。而家具材料按照物理属性可分三类：软质材料、半硬质材料和硬质材料。软质材料主要指各类纺织纤维，就是常说的植物材料，织物在软体家具制造和家具包覆材料中广泛应用；半硬质材料主要包括各种速生木材、树脂材料等，用于低档木家具、再生材料家具的制造；硬质材料包括金属、玻璃、石材、工程塑料以及各种硬质木材，在家具生产中使用较多。

2. 家具材料的用途

家具材料按照用途可分为结构材料、表面装饰材料和辅助材料。结构材料在家具中用于家具主体结构，主要作用是支撑，是家具耐久度的基本保障，可以承受人体或物品的重量，并可保持家具的结构强度刚性和稳定性；对家具的表面具有保护和装饰作用的材料被称为表面装饰材料，它的作用是耐脏、抗腐蚀，并兼具装饰作用；辅助材料主要是指家具制作时使用的各种类型的粘胶剂、金属等材质的连接件等。

（二）家具造型设计创意要素

家具的造型结构犹如人的骨骼，关键作用在于支撑家具形态并能实现家具功能，它的重要性不言而喻。可以采用各种科学美观、现实可行的方法，将家具的各个零部件组合在一起，实现其承受外力、坚固耐用的功能，还可以通过不同的结构，使家具造型焕发出不同的艺术美感。因而就其本质而言，家具结构设计既是一门技术，也是一门艺术，两者的有效结合是人类长期在社会实践过程中思维活动的结晶，它灵活多元化的设计既可根据不同的材料而定，也可在同种的材料中选择不同的连接方式。家具造型结构的创意设计是家具实现使用功能与展现不同“气质”的重要环节，类型有：实木结构、板式结构、装配结构、折叠结构、薄壳结构、转体结构等。

家具设计中维持整体的和谐是十分重要的，否则会看上去像随意堆砌的物品。当多样性与统一性达到完美平衡时，就达到了主辅和谐。没有多样性的统一，会显得单调而缺乏想象力，但如果缺少了颜色、形状、图案统一的多样化就会显得缺乏组织且不协调。在统一的设计中谋求多样，使多样与统一完美结合，是家具造型设计必不可少的表现手法。

在家具造型设计中按差异程度将造型元素组织在一起加以对比，将差异性有机结合起来，一起产生完整统一的艺术效果。对比强调的是元素之间的显著差异性，协调则是找到差异中的共性，例如在家具造型中常见的直线与曲线、矩形与圆形、光滑与粗糙、凹陷与突出、冷色与暖色等都是对比与协调法则的运用。（见图2-1、图2-2）

均衡与稳定，在家具设计中就是对家具各部分体量关系的设计布局。在均衡中求生动，在稳定中求变化。均衡通常是指物体的前、后、左、右之间的轻重关系，稳定则是物体上、下的轻重关系。均衡包括静态均衡和动态均衡。静态均衡是以家具自身中轴为基准线构成的对称，是等质量的均衡；动态均衡则是不等质量的非对称平衡形势。稳定是家具设计必须考虑的形式美要素，结合力学特性可以发现，无论是在视觉还是在心理影响方面，重心偏低或底面积较大的形态更容易保持稳定，更容易给人带来安全感。（见图2-3、2-4）

图2-1

图2-2

图2-3

图2-4

第二节 家具装饰设计

家具装饰是对家具表面效果的后期处理，在满足功能的基础上，提高产品的审美价值。它包括功能装饰和审美装饰。

一、功能装饰

家具功能装饰大致分为两种装饰方式：涂饰和覆面。涂饰是指家具的表面装饰。在家具表面喷涂上一层特定的涂料，可以一定程度上起到延长家具使用寿命的作用，保护家具免受外界环境的侵蚀和破坏。以木质家具为例，其表面涂饰包括以下几类：喷涂透明涂料，以保留木材天然的纹理和颜色；喷涂不透明有色涂料，覆盖木材原本的颜色和肌理；采用染色或者印刷技术，模拟珍贵木材纹理、色彩，再造家具表面效果等。如果是金属材质家具，表面涂饰主要是解决部分金属易氧化生锈导致光泽度下降的问题。常用的涂饰方式有：电镀法，在金属表面形成一层保护膜；喷涂油性涂料或采用静电喷涂方式在金属表面形成装饰膜。（图2-5）

图2-5 涂饰

图2-6 覆面装饰

覆面是指在家具表面通过粘胶覆盖一层其他材质，起到保护和装饰作用。常用的覆面材料种类多样，有单板、薄板覆面、印刷装饰覆面、塑料贴面板覆面、PVC覆面、金属覆面、织物覆面等。随着科技发展，覆面材料的品种会越来越多。(图2-6)

二、审美装饰

家具的审美装饰通过艺术性加工或者配饰装饰体现家具装饰的审美。在功能装饰基础上进行了深化处理的被人们称为艺术性装饰，其装饰手法多样灵活，包括：雕刻装饰、模型装饰、镶嵌装饰、绘画装饰等。(图2-7)

家具配件装饰也是审美装饰的一种。家具配饰在日常家具设计中使用频繁，既能满足功能作用，又有一定的装饰效果，常见的配饰形式有灯具配饰、拉手或合页配饰、商标配饰等。灯具配饰常用于床头柜、陈列柜、梳妆台等家具，既满足了照明需要，又起到了装饰的效果。柜体的拉手与合页是家具零部件的主要连接件，其功能与艺术性的良好平衡会给家具带来意想不到的优化效果。商标配饰则重在企业形象的宣传，配饰本身的设计是企业形象的代表，商品配饰与家具的协调统一也是设计时应考虑的问题。(图2-8)

图2-7 雕刻装饰

图2-8 配饰装饰

第三节 家具结构设计

一、框式家具

框式结构，家具是将板件附着于木枋之上，通过榫结合构成沉重框架的实木板木结合类家具，是一种较为传统的不可拆卸的家具结构。框式家具的榫结合结构会直接影响到家具的美观性、结合强度和加工工艺，也是中国与西方家具结合的传统家具制作方式。框式家具的榫结合类型有很多种，有直角榫、燕尾榫、圆榫、椭圆榫、单榫、双榫、多榫、整体榫、插入榫、开口榫、半开口榫、闭口榫、明榫、暗榫等。

（一）框架结构

框式家具是由一系列框架构成的。框架是框式家具的基本构成部件，也是它的主要受力构件。先由纵横两根方材通过榫结合成最简单的框架，再嵌入不同的材料，如板材、玻璃等，或者直接中空。横向方材称“帽头”，纵向方材称“立边”，框架中间若再加方材则纵向的称“立档”，横向的称“横档”。根据方材断面及所用部位的不同，框架的框角结合方式可以采用直角结合、斜角结合、中档结合等多种形式。

（二）嵌板结构

嵌板结构是将板材嵌入木框中间起封闭、隔离、遮挡等作用的结构形式。嵌板结构的优势就是稳定和不易变形，还可以节约珍贵的木材资源，更加环保，它是框式家具中最为常用的结构形式，

（三）拼板结构

拼板结构是用窄的实木板胶拼成所需要宽度的板材。采用窄板胶拼而成的拼板可以用于桌面、台面、柜面、坐面以及钢琴的共鸣板等，这些在传统框式家具中非常常见。拼板也有其弊端，为了尽量减少收缩和翘曲，在设计时会限制用于拼板的单板宽度，同时还要求同一拼板中板块的树种及含水率一致，以保证家具形状的稳定性。

（四）箱框结构

由四块或以上的板材构成的框体或箱体被称为箱框结构。常用的结合方法有：直角槽榫、直角多榫、燕尾榫、插入榫、金属链接接合等。

随着中产阶级的大量出现，对家具的需求日益增长，在追求生产效率和批量生产的前提下，传统的榫卯结构在一定程度上被五金件替代，部件化生产、批量化生产成为家具产品工业化生产的主流，如实木方材的角连接、实木框脚连接、桌脚与裙板可拆装连接、框架类实木椅连接等等，这些形式充分体现出现代家具的变化和特色。

图2-9

图2-10

图2-11

二、板式家具

通常以人造板为基材，以板件为主体，采用标准的五金连接件或圆榫进行配装而成的家具就被称为板式家具。板式家具的主材——人造板材，包括中纤板、刨花板、胶合板、细木工板、覆面刨花板、薄木等。板件可分为两种形式：实心板和空心板。实心板面覆装饰材料，以中纤板或刨花板等为芯板。空心板根据芯板结构的不同，分为栅状空心板、格状空心板、蜂窝空心板等，目前最常用的是栅状空心板。板式结构家具一般是由金属连接件、圆棒榫饼、干榫去组装刨花板、多层夹板、中纤板等人造板材所构成的。由于连接件使用的不同，板式结构家具可以分为可拆卸和不可拆卸两种，具有生产的便利性、造价的低廉性、加工的大规模性三大特点，其最突出的优点在于长途运输和组装时更加便利。“宜家”家具较为重要的成功因素便是利用了板式家具的组合多变性和易于长途运输的特点，同时，如今十分火热的板式定制家具行业也是基于板式结构家具以上优点所进行的设计再突破。

板式家具是与框式家具截然不同的家具设计制作形式。板式家具用现代家具五金件与圆榫进行连接，此方法使现代家具制作更加简便。而为了方便后期维护修理、配件装配方便，安装五金件或圆榫所必需的圆孔则统一由

钻头间距为32mm的排钻加工完成的，这就是我们常说的“32mm系统”。因为可以获得良好的连接效果，并且方便后续的配件安装、更换、维修，“32mm系统”规范成为现代板式家具的结构设计的执行标准，也逐渐成为世界板式家具的通用体系。

“32mm系统”产生以后出现了自装配家具，这更加方便网络购物时代小型家具的安装，其最大特点是产品就是板件，消费者可以通过购买不同的板件根据自己的需求组装成不同款式的家具。让用户参与到设计中来，大大提高了家具的趣味性和互动性。因此板式家具将结构设计的重点转移到了标准化、系列化、互换性等方面。标准化生产的“32mm系统”自装配家具，不仅提高了加工精度和生产效率，更便于质量控制，同时在包装储运上更加方便，加之能够有效地利用储运空间，减少了破损和难以搬运的麻烦。

“32mm系统”的设计核心是旁板。旁板最主要作用是作为骨架部件，顶板、底板、层板以及抽屉轨道都必须与旁板接合，因此旁板的设计在“32mm系统”家具设计中至关重要。在旁板设计中，主要涉及两类孔：系统孔和结构孔。系统孔用于装配搁板、抽屉、门板等零部件，结构孔是柜类家具搭建框架体所必需的结合孔。“32mm系统”设计成败的关键就在于这两类孔的布局是否合理。（图2-12）

图2-12
板式家具

图2-13 金属座椅

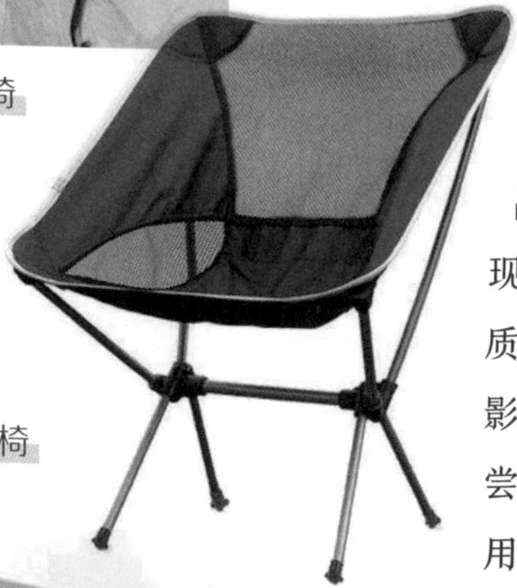

图2-14 软体座椅

三、非木制家具

随着社会上新技术新材料的发展，产生了新的家居加工制作方式，用这种制作方式生产的家具被我们称为新的技术结构家具。

如3D打印技术的出现，引领着众多艺术家涉足家具行业，制作出许多异形结构家具作品。纸面涂附、防水防潮工艺的出现，也同样催生了众多高品质的纸质家具。碳纤维材料的广泛运用也影响到了家居行业，从而促使勇于尝试的设计师制作出多种极轻极耐用的碳纤维坐具。这些作品在工业革命初期阶段都是无法想象的，所以作为设计师，能够敏锐地捕捉新技术材料的出现，并将它们及时运用到自己作品中是至关重要的。如一把金属座椅，既可以是时尚餐厅中的公共餐椅，也可以是公园中的公共坐具。如软体家具材质的舒适性、环保性使其出现在各个领域并快速流行。（图2-13、2-14、2-15）

图2-15 3D打印家具

第四节　家具色彩设计

一、家具色彩对人心理的影响

家具色彩的作用越来越被现代人重视。家具在整个室内空间中占比超过60%，因此其色彩也决定了整个居室的色调。色彩作用于人的感官，从心理学角度看，它会通过感官接收来刺激人的神经系统，进而在心理情绪上对人产生影响；还有部分人会从风俗习惯来考虑家具色彩。尤其是近几年，网络的发展让部分人的工作也是在家里完成的，而家具色调对人们的影响无形中变得更大，它不可忽视地影响着人的心情、食欲，甚至有人认为会影响到孩子的性格。

色彩本身并无性格，也无明确指向性，只是通过人眼的观察会给人带来心理印象，有研究表明，当人的情绪达到一定的临界点时，色彩的内在暗示会起到一定的催化作用。红色在中国被认为是吉祥喜庆的颜色，而现代色彩学家研究表明家中红色过多时，会使眼睛负担过重，容易诱发烦躁情绪；又如现代新婚夫妇会使用粉红色调做新房主色调，认为可以调节闺中气氛，但是时间久了，也容易产生烦躁感；而偏红色系列的紫色，无形中发出刺眼的色感，易使人不舒服，偏蓝色系的紫又会显得暗沉，让人心情烦闷；若家中橘、黄色过多，虽然初看有充满生气、很温暖的感觉，长时间也会使人心生厌烦；而家中以蓝、绿色调为主时，会让人感到安静、祥和，但会无形中产生消极的生活态度。因此现代家居中的色调，目前选用最多是乳白色、象牙色、阳光色，此色调最好配置家具。总而言之，任何色调皆可用，把握度即可，以恰到好处为原则。（图2-16、2-17）

图2-16 色彩恰当的家具

图2-17 色彩恰当的家具布局

二、家具色彩设计要点

（一）色彩要素

俗话说“远看颜色近看花”，一件家具给人的第一印象，首先是色彩，其次是形态，最后才是材质。色彩与材质的搭配可以在很大程度上表现出家具的特色，可以在视觉上、触觉上给人以心理与生理上的感受与联想。色彩必须在光的作用下依附于材质才能呈现出来，它并不能独立存在。材料本身的色彩有各种木材丰富的天然本色与木质肌理、鲜艳的塑料、透明的玻璃、闪光的金属、染色的皮革、多彩的油漆等。我们看待一件完美的家具，往往是通过艺术造型、材质肌理、色彩装饰的综合构成来看，它给我们的感官传递的美感信息是从视觉、触觉等方面传递的，在现代家具设计的范畴里，视觉因素、触觉因素与心理因素、生理因素互为因果关系，是现代家具设计中尤其要关注的重要一环。家具设计的色彩是一个综合的色彩构成，该构成的背景是家具所在的空间的环境颜色，主体色来自家具材料表面的颜色，装饰及五金配件则作为搭配色起着不可或缺的作用。（图2-18、2-19）

1.明度

光波波长的振幅宽窄决定明度的高低，也决定色彩的明暗与深浅程度。

图2-18　有彩色家具

图2-19　无彩色家具

明度关系是所有色彩关系的基础，色彩的层次感和空间感可以通过明度的变化表现，明度在三要素中具有很强的独立性，它可以仅通过黑、白、灰的关系表现出来。其他色彩关系也可以归结到明度关系上。白色明度最高，色彩中白色成分越多，明度就越高；黑色明度最低，色彩中黑色成分越多，明度就越低；灰色明度居中。除了通过加入白色或加入黑色来提高或降低色彩的明度之外，其他浅或深的色彩相混同样可以达到改变色彩明度的目的。

2. 纯度

纯度取决于形成此色的光波波长的单一程度，也就是指色彩的鲜艳程度和饱和度。色彩的色相感越明显，显示其纯度越高，日光通过色散而形成的光谱色被认为是纯度最高的色彩，而人工制造出的纯色的纯度则大大低于光谱色。黑白灰等无彩色没有任何色彩倾向，纯度为零。有彩色中，红色纯度最高，绿色纯度最低，其余色相纯度居中。另外，物体表面的结构与色彩的纯度也有关系，光洁物体表面上的色彩纯度较高，粗糙物体表面的色彩纯度较低。颜色的干湿程度也会影响色彩纯度。

3. 色相

色相是产生色与色之间关系的主要因素，也就是色彩的相貌。世界之所以会呈现出五彩缤纷的样子，正是因为有各种不同的色相。人们通常以光波波长的长短来划分色相，每个色相都具有各自的波长。红橙黄绿蓝紫是色谱中最基本的六个色相。以基本六色为基础，依圆周等色相差环列，通过微妙而柔和的色相过渡节奏配比可得高纯度色的色相环。正是由于色相的丰富多彩，家具色彩设计才呈现出精彩纷呈的样貌。

（二）色彩的通感

人的感觉器官是联系在一起，并互相作用的，整体视觉、听觉、嗅觉、味觉和触觉中任何一种感官受刺激时都会诱发其他感官系统的连锁反应，这就是被心理学称为通感的现象。家具色彩设计中色彩的通感具有十分重要的意义，值得注意的是，男性和女性对色彩的敏感程度有所差异，因此其通感的感受力也不尽相同。

1. 色彩与听觉

听觉与视觉之间的关系密不可分。听觉引发的想象往往与视觉印象达成共鸣，听觉和视觉之所以会引发同样的感受，就在于我们的感官之间是共通的，听觉与视觉之间可以自然而然地进行转化，人们通过听觉感受声音，进而可以唤起对色彩的想象，色彩与音乐之间具有难以名状的共通性，高调、低调、长调、中调、短调、节奏、韵律和音色等众多色彩中的名词都源于音乐词汇。人的听觉感受是通过视神经接收不同色彩，而从心里映射出不同的声音，如红色感觉是低音、橙色感觉是中音、黄色感觉是高音等。不同的色调，如明亮、灰暗和艳丽等也可以表现为不同的音调，交响乐、轻音乐、爵士乐，独奏、合奏等不同的音乐形式都可以用不同色彩组合来表现，气势宏伟的交响乐对应的是浑厚凝重的低明度色调，舒缓的抒情曲对应的是柔和优美的中浅色调，明快色调则可以表现节奏轻快的轻音乐，不同乐器所表达的个性色彩也具有明显的特性，人们能从音乐中听出颜色，也能从色彩中看到声音。

2. 色彩与触觉

人们的触觉感受源于皮肤接触物体后产生的感觉，与生活经验以及以往的记忆和印象有关。这些触觉体验包括火热与冰冷、干燥与湿润、凉爽与温暖、光滑与滞涩、柔软与坚硬、粗糙与细腻、起伏与平坦等。一般来说，显得光滑轻薄的通常是高明度色、高纯度色和光泽色，显得粗糙厚实的通常会是低明度色、低纯度色。低明度的暖色显得温暖，高明度的冷色显得寒冷；高明度色、弱对比色给人的柔软感更强；低明度色、高纯度色、强对比色，给人的坚硬感更强。

另一方面，不同的材料由于成分构造性质的不同会显示出不同的质感，它也是影响触觉感受的重要因素，而不同的表面肌理与质感会显现效果各异的色彩视觉现象和心理感受。

3. 色彩与味觉

色彩的味觉往往通过色彩、形状、肌理来引发人的味觉感受。人看到某种颜色可以凭借生活经验、记忆中以往的味觉，大致地分辨出它的味觉特性，比如看到红色大多数人会想到辣椒的火辣，看到橙色想到阳光橙子的甜美，看到黄色会想到柠檬的酸。明亮色系和暖色系最容易引起食欲，因此饭店、餐馆经常会用暖色光，不仅打造温馨甜美的气氛，也能使食物看上去更加新鲜而促进人们的食欲。

4. 色彩与嗅觉

色彩的嗅觉也是由生活感受引发的，人们可以凭借以往的嗅觉经验，通过闻到的各种味道，联想到不同的颜色，比如由桂花香联想到黄色。人还可以通过各种色彩联想到物体的气味，比如由红、橙、黄等明亮艳丽的暖色联想到糖果、水果、糕点的香气，而一些灰暗陈旧的颜色往往让人联想到腐烂的臭气等。

（三）色彩设计要点

1.满足基本功能

家具的色彩设计应服务于功能，要求不同场合、不同类型、不同效能的家具应采用不同的色彩设计方案，例如：餐饮空间，为了配合进餐的需要，常选用暖色调的家具；医疗空间，考虑到卫生、安全的需要，常选用白色为主的浅色家具。（图2-20、2-21）

图2-20 餐饮空间

2.自然环境因素

环境的长期熏陶影响人们对色彩的习惯与偏爱。例如非洲人因为生活在强烈光照、炎热干旱的地区，偏爱鲜艳奔放的对比色，欧洲人生活的区域属于寒冷地区，当地人比较喜欢黑、灰、米色等优雅沉着、温和大气的家具色彩。（图2-22至图2-25）

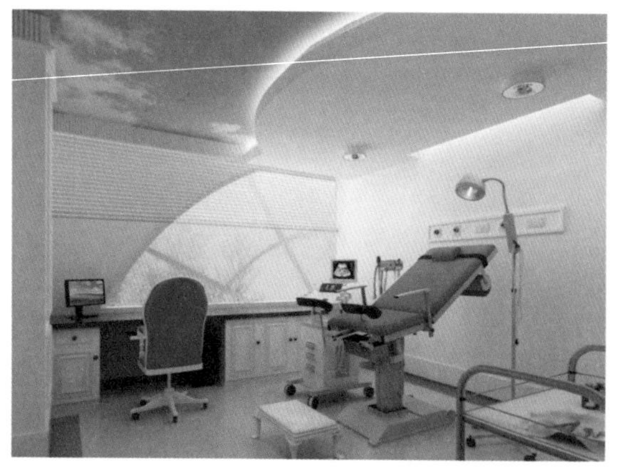

图2-21 医疗空间

图2-22　热情奔放的环境空间

图2-23　热情奔放的家具

图2-24　优雅沉着的环境空间

图2-25　优雅沉着的家具

3. 生理和心理因素

人们对色彩的认知，会随着年龄的增长和生活经验的日趋丰富而变得逐渐成熟，由色彩引发的联想会更广泛，运用色彩时也会愈加理性，如儿童往往较为喜欢饱和色，年轻人则对活泼鲜艳的色彩比较青睐，而中老年人大多比较喜欢沉着素净的色彩。

4. 民族因素

不同民族由于地理环境、历史传统、宗教文化以及生活方式的不同，对于色彩有着不同的理解和认知。例如东西方对黑白两色在婚丧礼仪上的截然不同的运用：白色在中国多用于丧事，着麻色的孝服、戴白花表示对死者的哀悼；而西方国家则把白色作为婚礼婚纱的色彩，寓意圣洁高贵，而以黑色哀悼逝者。

5. 材料因素

材料种类繁多，因本质形态、构造和性质的不同，显现出或硬或软、或刚或柔、或粗或细、或冷或热等不同的肌理效果和质感，带给人不同的色彩视觉体验和心理感受。在不同的色彩或载体上放相同色彩的金属、塑料、玻璃、纸张、木料、瓷砖、纤维和色光等时，呈现的效果有很大差异，例如同样的色彩在毛织物上显得成熟大方，在丝织物上却显得轻巧艳丽。各种材料在具有不同特性的同时，还有一些不可避免的局限性，如塑料制品的色彩效果，基本上只能包含原色和间色，缺乏变化，而陶瓷釉色很少能体现出鲜艳的红色等。（图2-26）

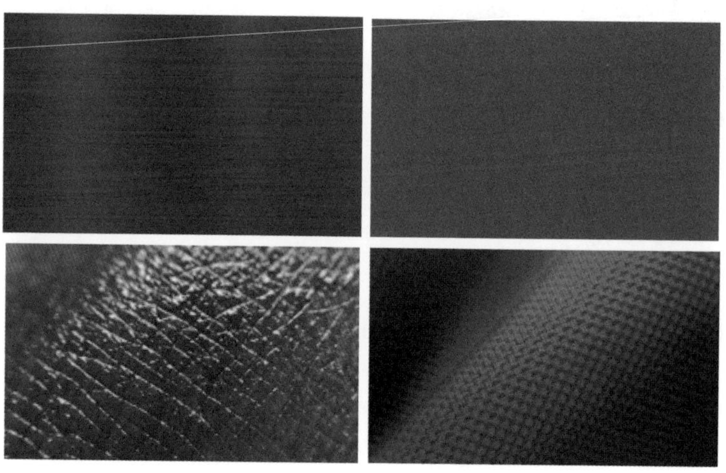

图2-26　红色在不同材质上的表现

第三章

家具设计创意方法

人们直觉表现最活跃的思维现象被称为灵感，它存在于每个人的大脑中。它是存在于敏感状态中的创造性思维，在想象力骤然活跃、思维特别敏锐、情绪异常激昂的情况下往往就会出现灵感、产生创意。灵感属于一种突发性的思维效果，也是人们大量思维活动中产生的一种质的飞跃，让人豁然开朗的新思路，是其他心理因素协调活动中涌现出的最佳心态的思维。许多优秀的创意都源于灵感：画家有了灵感，就会思路顿开，创造出优秀作品；科学家有了灵感，就会抓出瞬间的火花，创造出造福人类的成果；家具设计师有了灵感，就会在创意显现时，设计出新的造型和款式。

第一节　家具设计创意灵感的捕捉

价值溢出时代的家具设计创意灵感的捕捉需要设计师抓住时代脉络，对自己的知识脉络要有清晰认知。思路从哪里开始呢？民间艺术、自然景观、科学技术等。从什么角度选择题材？大自然的形式美、科技动态、宗教信仰、人生礼仪、民俗事项等。什么风格突出题材？古典现代、优雅浪漫、自然前卫、奇特梦幻、乡俗田园等。展现什么情感贴合题材？热情开朗、忧郁悲伤等。创意的灵感开发并非凭空想象，也不是单凭哪一个想法就一蹴而就的，而是依据一定的事实基础和信息来源的整合。

一、家具设计创意激发途径

所谓创意思维究竟是什么呢？科学研究认为理性加分析归于左脑，创意加情感归于右脑。虽然研究指出创意来自右脑，但其实至今没有学者知道创意到底是从哪里开始或结束，究竟是怎么形成的。苹果公司联合创办人乔布斯曾说过，创意只是将一系列事物相互连接起来而已。

创意设计的灵感来源是素材，家具创意设计也不例外，各类素材的积累是激发灵感的有效途径，素材即是家具设计师构思创作灵感的源泉和动力。家具设计师提炼发现素材，同时产生丰富的联想，在这个过程中灵感不断闪现，这种感知正是最宝贵的创新因子，引发出新的设计和语言形式。创意家具通过素材的内涵彰显设计理念，因此，设计师需要拓宽设计思路，原创作品要精彩，其根本是素材载体通过设计师的大脑加工后富含艺术内涵。大量的素材积累和设计启迪才是获得设计灵感来源的捷径。

素材来源的渠道多种多样，不仅仅局限于传统意义上的图片，更包含所

有的可利用的设计手段。设计师运用丰富的联想，把自己对素材的观察、想象、分析等转化为有形的设计。作为设计师，观察事物的角度和方式应该区别于常人，看事物的方式决定了设计的方式。因此如学会以设计师的眼光、身份来看待周围的一切事物，就会发现万事万物无不充满着无穷无尽的灵感。

生活中的素材多种多样，无论是瞬间的还是长久的，它都会使设计师浮想联翩，带来无穷的灵感。通常寻找和发现素材有以下标准：第一是用心发现，用眼观察，睁大眼睛看世间万事万物；第二是换个角度看世间平常的事物，换个角度或切入点观察；第三是把熟知的事物放大，用放大镜的镜头和视觉去观察事物。

（一）灵感素材——自然生态

自然素材历来是家具创意设计的重要设计灵感来源之一。大自然的色彩、图案和造型频繁地出现在家具设计师的作品中，如大自然里纤巧美丽的花卉植物、纹样形态各异的动物、自然中的缤纷色彩等。近年来家具设计中环保概念的风靡更进一步加强人对自然的关注，通过自然界各类生物造型、纹样、色彩的启发，创意作品层出不穷。（图3-1）

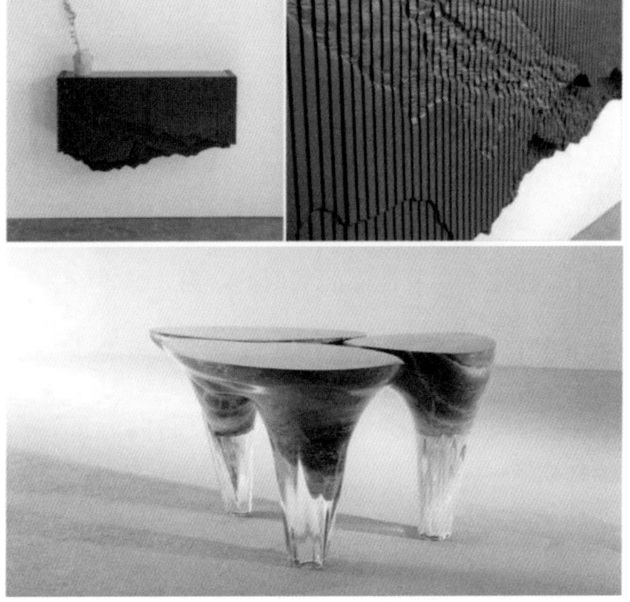

图3-1 以山石为灵感的家具

（二）灵感素材——民族文化

获取灵感素材的方式有很多种，从丰富的民族传统文化中提取素材是提倡民族自信的中国家具设计师的首选。在前人积累的文化遗产中，以现代的审美趣味提取精华，这样获得的创作素材更加符合现代审美。设计师通过对历史文化中的传统元素的分析，采用借鉴、改良的方式汲取精髓，将其作为灵感素材运用于家具设计，使传统元素的色彩构成、图案、工艺手段得以传承。

不同的生活习俗、宗教信仰、审美意识，极大地丰富了民族文化，并带给家具设计师大量灵感启迪。不同地域代表性的民族家具造型、色彩、典型的图案、文化符号、图腾以及代表性的民族传统工艺等，都给现代家具设计带来了丰富的想象空间。同时，传统的宗教文化，传统的民俗节日庆典，某一地域的传统风俗也给设计师提供了很多灵感素材，民族文化孕育了大量的传统工艺和传统技能，包括来自欧洲、亚洲等诸多行业的传统技能都给现代设计增添了很多想象的空间。设计师从传统工艺中汲取大量艺术灵感，利用传统技艺并结合现代的设计理念，展现出时尚新品。（图3-2、图3-3）

（三）灵感素材——文化艺术

音乐、绘画、舞蹈、电影等众多艺术门类有很多相通之处，它们也会给设计带来很多新的理念素材和表现形式素材。“让艺术滋养设计”的口号，相信是创意家具设计师们共同的心声，艺术文化形式给我们带来超前的理念和经验，使我们的设计充满艺术的张力和激情，从而唤醒人们对美的共鸣和欣赏。

（四）灵感素材——社会动向

社会文化新思潮、社会运动新动向、体育运动、流行时尚以及大型的节日庆典活动等都是社会动向。具体到一个新人物、新生活方式、新的场馆建筑等等，这些因素都会在不同程度上传递一种信息，成为家具设计师们的创作素材，因为来源于社会动向会让人们更容易接受，更契合当代人的审美。

图3-2 非洲文化图案和家具呈现

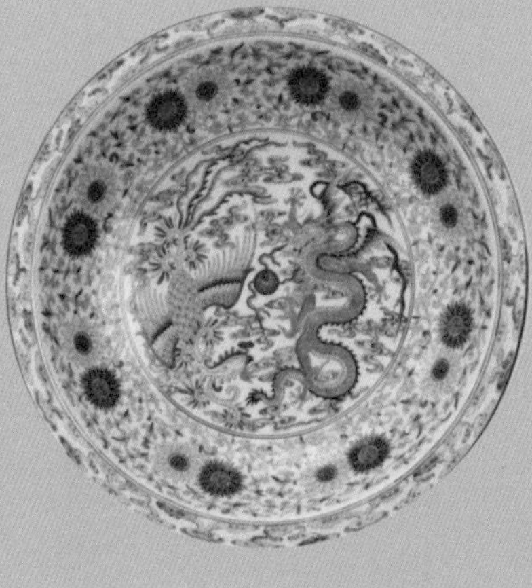

图3-3 亚洲文化图案和家具呈现

（五）灵感素材——科学技术

越来越多的家具创意设计在视觉上呈现的未来感，都要依靠强大高端的现代科技。现代科学技术的发展带来创作材料以及创作技法上的革新，材料造型的成型都依赖现代科技，因材料和技术的发展而产生一切可能。科学技术的发展给我们带来新的科技手段、创作手段。生物科技、信息科技为主导的新时代的到来带来一些新的可能。科技的革新带来思维理念的变化，也可以为家具设计提供无限的创意概念素材；设计师借助现代科技革命带来的新型材料、新型技术等获得灵感素材，现代家具设计运用了更多的新材料、新工艺、新技术，产生出千姿百态的设计效果。设计师们因为新材料的开发和加工技术的应用，开阔了思路，拥有了无限的创意和全新的设计理念。（图3-4、3-5）

图3-4 用新材料设计的创意家具1

（六）灵感素材——日常的行为积累

对于设计师来说，创意的来源往往是通过日常的行为积累而来的，获得灵感和创意也不是偶然的。

1.做“白日梦”

白日梦是创意的精神食粮。经验告诉我们，玄妙的白日梦时刻总能激发最好的创意。有研究证明，做白日梦的时候，大脑实际上处在一种非常专心的状态。做白日梦时我们其实是在复习脑中信息并加以分解分析，白日梦将许多冲突的事件和不相关的事

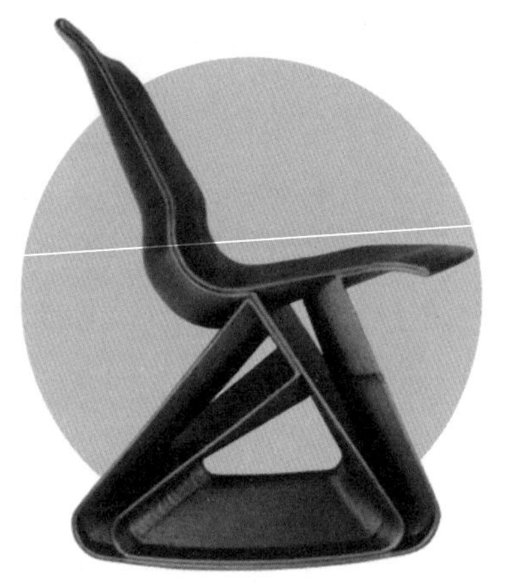

图3-5 用新材料设计的创意家具2

物相互连接起来，这样组成的新的画面创意十足。神经学家还发现，大脑在运用想象力和创意时与做白日梦时，运转方式非常相近，也就是说做白日梦跟创意的思考模式是一样的。理性的知识是有限的，感性的想象力是无限的，许多艺术家、哲学家都认为想象力比知识更重要，想象力是人类进化的源泉，推动着社会进步。

2. 观察

对于想象力丰富的人来说，眼中看到的人、事、物都像万花筒一样精彩，他们眼中任何事物的发生都会产生无数种可能，任何可能都能成为创意的精神食粮，美丽无所不在。因此，观察法也成为无数设计师训练创意的基础方法，除了观察事物本身，还可以透过观察记录人的行为实践，来了解自己内心的矛盾以及事物之间复杂的关系和状态。通过长期训练，观察事物能够轻易地抓住灵感以及想法。

3. 需要时间独处

为了替创意开门，我们要学会享受孤独，要建设性地运用独处的能力，克服对孤独的恐惧。我们要学会给自己创造独处的时间，与自己的内心对话，倾听内心的声音与独白。发现创意的内在声音不是一件很容易的事情，找到内心的声音与渴望后将它展现出来，就是创意。

4. 困境中求生

大家可能也发现了，在战乱的时代，往往会出现许多具有代表性的艺术作品、名著、歌曲等，作者内心纠结或心碎的过程催化了艺术的创作灵感。心理学家研究表明，很多人在经历重大挫折时反而最能诞生创作灵感，在感悟到生命的苦短时往往通过创作来自我疗愈。具体来说，人们在人际关系、生命价值、个人认知提升以及某些领域上发生进化并将其转化为创意时，却是因为受到了某些情感上的创伤或者是短暂失忆，因为这可以让人用崭新的角度观看世界。

5. 寻找新的经验

喜欢体验新事物的人往往是非常有创意的人群。创造力的成长离不开人们对新事物的好奇心、感觉和吸收新知识时的开放心态，敞开心胸去体验新事物是一种促进创意成长的有利方式。这样会让人产生很强的驱动力，让你想要去探索外在世界。

6. 失败乃成功之母

生命的韧性实际上是创意成功的先决条件。我们总说“失败乃成功之母”，在从事创造性的工作时也是一样的，需要在失败中学习成长，你必须坚持下去，直到找到你要的答案，成功才会走向你，最后你会发现真正最好的是失败最多次的那个。

7. 善于沟通

所谓“读万卷书，行万里路”，是说人要从书本中、大自然中和与人们交流沟通的过程中加强各方面的修养，广泛积累素材，激发创意的思路和创作灵感，获得知识，感受到艺术启示。在许多成功的艺术家的艺术创作生涯中，读书交友、集思广益终其一生都未间断。人与人之间存在思想认识、思维能力和思维效果的差异，这是受到每个人本身智力以及所受教育环境，或是不同研究方向的影响。正所谓“三人行必有我师”，朋友之间智慧的碰撞和交流，正是一种相互激励的过程，在这个过程中，每个人在认识上都会受到启示并有所突破。现代社会中的交朋友的形式众多，比如组织艺术沙龙、协会等，让那些志趣相投的人成为朋友，在艺术、信息、科学、交响乐、文学、影视等诸多方面相互探讨和激励，设计师们在研讨中敏锐地捕捉有用的信息。这种积累素材的过程快捷有用，也更能充分调动创作思维，取长补短并为我所用。

二、家具设计思维导图

创意是每个人通过发掘都可以拥有的思维能力。创意思维是一种涵盖了超常规思维、创造性思维、形象思维、逆向思维等多种思维方式的综合性思维方式。创意思维的运行模式是在全面探究问题时，打破既有格式或规则之后产生的新观念、新创意。创意思维从来不会墨守成规，一些新理念、新创意的诞生其实就是把旧成分进行新组合，这在观念意识中体现得尤为明显。(图3-6)

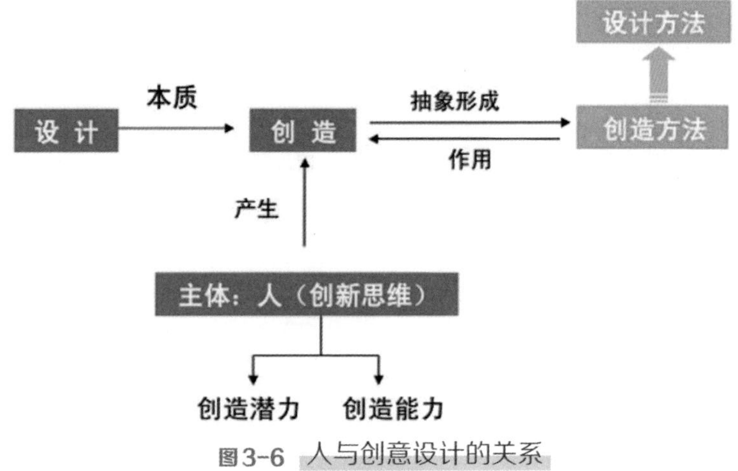

图3-6　人与创意设计的关系

东尼博赞在20世纪60年代发明了思维导图。实践证明思维导图的作用明显，可以帮助人们捋顺思路、分清主次，是一种非常实用的思维工具。思维导图是用图来表现的发散性思维模式。从一个主题向四周辐射，辐射出来的每个词或图像又变成一个新的中心点，最后演变为一个由中心向四周发展的无穷无尽的分支链。(图3-7)

家具设计思维导图中发散点的确定也有一定的目的性，可以运用下面的方法进行思维发散。

图3-7 思维导图

1.从形态处理方面进行发散思维

（1）组合：把材料、形象、素材、方法等进行组合，研究组合的次序等；

（2）渐变：把握的渐变方向最常见的有色彩、形态、大小、粗细、造型、结构等；

（3）添加：把内容、形式、大小、次数、长短、厚薄、疏密等元素相互添加；

（4）简化：把内容、形式、大小、次数、长短、厚薄、疏密等元素化整为零，简洁缩减；

（5）打散重排：把结构、色彩、线条、形象、材料等打散重排。

2.从各种因素的类比方面进行归纳

（1）综合类比：排除事物表象，找出内在相似特征，进行综合类比；

（2）直接类比：直接寻找人、自然界和人造物中与创造对象相类似的因素做类比；

（3）理论类比：理论化处理创作的对象，并赋予其情感；

（4）象征类比：用抽象化的方式对事物形象或符号进行类比；

（5）因果类比：对在两种或以上事物之间存在的因果关系进行类比。

根据以上列举的具体思维途径，我们在进行艺术创作时多加分析探讨，在不忽略任何细节因素的条件下，选择那些最富美感的、最具创意的思路进行优化创作，才能顺利抓住创意灵感，设计出更具特色的作品。

第二节　家具设计基本元素的提取与运用

带来家具的造型美感的主要元素是形态、色彩、材质三个方面。如何提取和运用是我们需要研究的重点。

一、基本形态元素

几何元素的运用可以在欧美风格、地中海风格、中式风格、田园风格等等众多家具设计作品中看到。现代家具设计通过各异的风格、新颖的造型给人们提供更加丰富选择，为当代家具设计领域带来广阔的天地、新鲜的气息。

家具设计中最常用的设计元素就是几何元素，许多经典家具代表作都是运用点、线、几何形状等为基本构成元素的。几何元素中最具代表性、最受设计师钟爱的设计元素形态是圆。圆形在家具造型中不仅外观符合大众审美，其功能材质和制作工艺方面也非常契合设计点。经研究发现，简洁的几何形态几乎是所有家具造型构成的造型基础，进而延伸出新的设计形态，而几何形态又是大自然中形态的经典概括，其中有很多造型是经过精确计算而衍生出的全新设计语言，塑造出了单纯、简洁、庄重、调和、规则等构成特征。因此更优地选择、提取、运用几何元素，更有利于家具设计造型获得较强的市场竞争力，对家具设计来说具有非常重要的意义和价值。

如果我们细心观察，会发现无论是生活中还是自然环境中，几何形态随处可见。在几何元素当中，圆形、方形、三角形是最单纯化的、最基础的形态，我们在家具设计中要注重对它们的运用。

（一）塑造天地万物的最基本形状

塑造天地万物的最基本形状就是几何元素中的圆形、方形、三角形。在家具设计中，它们是设计师最常运用的设计语言或词汇。从另一角度来讲，我们现实生活以及自然环境中所存在的一切事物都能够由几何形态构成，而世间各种各样的形态在经过不断地变化提炼后会归于圆形、方形、三角形这几种基本形态。

（二）现代家具造型设计的迫切需要

现代家具设计在设计手段不断增加、变化的今天，对于象征、概括等表现手法提出了更多的要求。设计师通过运用几何形态变化，满足人们在感官上的多元需求，使人们享受家具设计的造型美。因此，几何元素展现的美学价值在现代家具设计作品中，也具有非常广泛的适用性和普遍性。

（三）几何元素的空间造型感强

空间主要存在于物和物之间，围绕在物和物周围，也包含在物体之内的间隔、距离等，被归属于一种意象关系。对空间的设计和创造，往往也是家具设计成功与否的关键。我们来看看以下几个基础几何形状的特征和塑造方法。

1.三角形

不在同一条直线上的三点，在同一平面内顺次连接后构成的图形被称为三角形。众所周知，三角形看似简单，稳定性却优于其他形状，给人一种均衡和稳定的整体印象。总的来说，三角形的特点是稳定、坚固、耐压，并且富含美感和强张力，在建筑设计、室内设计、家具设计等领域中受到设计师的钟爱。

最具代表性的三角形的建筑非被誉为世界七大奇迹之一的埃及金字塔莫属了。在吉萨、开罗等地的金字塔历经数千年的沧桑依然耸立不倒，充分说明了三角形的稳定、坚固和耐压的特点。三角形的结构广泛用于建筑设计，也成就了许多知名建筑。“现代建筑最后的大师”——贝聿铭，是百年以来最会使用几何形状的华裔建筑师，为这个世界建造了许多伟大的建筑，三角形符号频繁地出现在他的作品中。贝聿铭在他70余年的建筑设计生涯中，不断尝试把中华文化融入西方现代建筑体系，三角形的运用也体现出其对建筑精神层面的探索。

家具设计领域里，三角形结构的应用也非常常见。桌、椅、架、床、沙发等我们身边的家具，很多都会用到三角形结构作为支撑设计，三角形力学结构稳固，不会因移动而产生变形，同时它的结构构成简单又耐看，很多流行家具都具备这种形态，即“简到极致便是至美”。（图3-8）

图3-8　以三角形为基本构成形态的椅子

从结构设计上看，三角形结构最大的特色功能是稳固。因此三角形的设计配置也会用于稳定空间，如将某一空间中的主要家具呈三角形摆放，以三点为空间重心与方形空间相呼应，用来扩大空间感；当遇到空间结构中出现的边角空间，利用三点式的方式可以使空间利用更加合理充分，有效提高空间的使用效率。

现代设计领域把三角形元素运用得妙到毫巅，把其新颖、现代和视觉张力强的特点发挥得更加淋漓尽致。三角形不仅具有稳定的特点，也可以灵活多变。锐角三角形的锐角形状尖锐，凸显其锋芒和硬朗面，钝角三角形的钝角则呈现出其包容性的一面。其中比较特殊的如等腰三角形、等边三角形就凸现了其稳定可靠的一面。每一种三角形都给人带来不同的视觉和心理感受。其灵活性从运动感上充分体现，不同的运动感源于三角形不同的角度的设计变化，从其动态可以表现冲突或稳定感，角度旋转时则又具有了紧张、冲突和侵略性。因此三角形千姿百态，时尚又有魅力。（图3-9）

图3-9　三角形构成的家具

2. 圆形

在中国文化中，人们对圆形情有独钟，圆形在中国人心中有举足轻重的地位。中国人眼中的圆形充满人文特质，具有深刻的象征意义。几何元素中，

圆形颇符合中庸文化，无方向，无起止，无首尾，具有向心作用和天然的亲和力。圆形的设计给人团聚、收容、完整、集中和亲近感，而且完全没有直线形的压迫、尖锐感。所以在家具设计领域，圆形的家具还很容易塑造简约风格，传递自然、质朴、节制的气质。（图3-10）

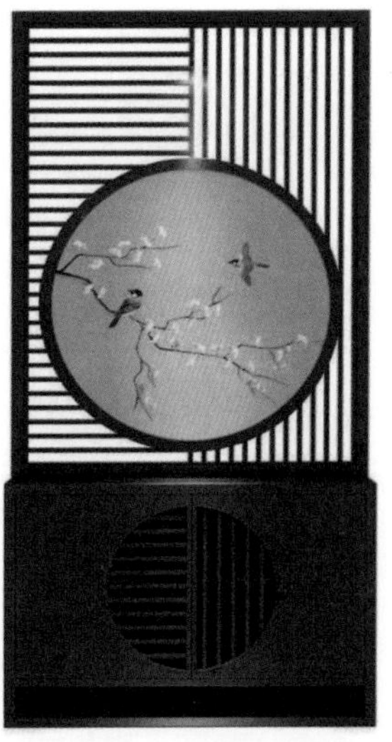

图3-10　圆形的家具

以圆形为设计元素的作品中，常常会出现让人感受到有趣的情感化设计。亲近感、关怀感是圆形自带的天然情感，可以适度缓解人的心理压力和焦虑。可爱而有趣的家具往往运用的都是以圆为基本形的造型设计，其形简洁、饱满，还会稍带女性柔美的特征。节奏感和韵律感也可以用圆形体现，如采用重复、渐变、对比等构成手法来塑造，会形成生动活泼的节奏和韵律感。圆的大小、粗细、疏密、距离、层次、方向、位置和颜色的变化，都可以产生不同的节奏和韵律，形成迥异的设计效果。

圆是人类钟爱的几何造型之一，可以象征圆满完美，也有圆润和谐的寓意。造型设计中的圆几乎无处不在，圆以自己的方式渗透于各种各样的家具设计中，深受设计师的喜爱。

图3-11 “天圆地方”的家具

3.方形

“天圆地方”的说法我国自古就有，因此“天圆地方”的设计形式自古就深受中国人的喜爱。天、圆象征着运动，地、方象征着静止，两者的结合正好印证阴阳平衡、动静互补。在中国古代，小到货币大到建筑，诸多方面均表现出“天圆地方”的设计理念，例如方孔圆钱、天坛、紫禁城等。这些“天圆地方”的图案与结构设计，从各角度体现着中国政治上的“外儒内法”和中国人为人处世方面的“外圆内方”的思想，也在不同程度上对中国传统文化起到宣传作用。因此在中式家具设计中，方圆结合的设计运用也比比皆是。（图3-11）

二、仿生型家具设计元素

达·芬奇曾说：“人类的灵性将会创设出多样的发明，但是它并不能使得这些发明更美妙、更简洁、更明朗，因为自然的产物都是恰到好处的。”仿生设计是人与自然碰撞的产物，家具设计师也很善于在大自然中寻找设计灵感，把自然美与家具设计相结合。

（一）仿生家具的设计原则

仿生学的诞生逐渐演化出仿生设计。大自然创造出的生物千姿百态，为

家具设计师提供了无限的创作灵感。所谓仿生设计是家具设计师对自然万物的形态、结构、色彩等性状运用打散、重构等手法进行再设计，突显家具设计师们对自然界形态的重新思考和诠释。

1.造型仿生

在家具设计过程中，仿生设计也分很多种，家具的造型仿生是家具设计师在家具外观的设计中将自然生物的形态特征融入进去，通过提取生物的形态元素，如外形轮廓或部件之间的相互关系等，使家具的外观具有自然形态特点。这是一种很常见仿生的形式，不仅被广泛运用在仿生家具的设计中，也运用在其他产品设计中。（图3-12）

图3-12　造型仿生家具

2.结构仿生

自然界的生物不仅形态千姿百态， 而且每一种生物都拥有其独特的结构。结构仿生指设计师们用艺术的手法将自然界中特征明显的结构、形态加以修饰，并应用于家具的设计中。通常家具设计师进行结构仿生设计时会选用稳定较好的结构，如花瓣等。（图3-13）

图3-13　结构仿生家具

3. 色彩仿生

图3-14 色彩仿生家具

对人来说，色彩是人们视觉系统对事物的第一印象，色彩也是最直观、印象最深刻的设计要素。通过对大自然的既定印象，不同的生命特征也会反映给人不同的色彩感受，根据生物原型的外表色彩特征对家具表面进行色彩装饰就是我们所说的家具色彩仿生。将仿生色彩应用在物体表面同样是一种能够提升家具自然美感的手段。（图3-14）

（二）经典仿生家具赏析

1. 蚂蚁椅

雅各布森是丹麦的家具设计大师，他设计的蚂蚁椅是现代家具设计的经典之作。蚂蚁椅外形酷似蚂蚁，结构简单，粗细有致的“躯体”符合人体尺度标准，用细长的钢管模拟的蚂蚁腿足惟妙惟肖。蚂蚁椅由简单的线条分割加上层压板的整体弯曲制作而成，它的出现和流行充分佐证了现代工艺带来的设计变革使设计师们有了更自由的设计空间，使得座椅的形态得到全新的诠释。（图3-15）

2. 蛋椅

蛋椅同样也是由雅各布森设计的，整体造型如同破开的鸡蛋。这种设计结构被称为壳体结构，壳体结构是生物存在的一种典型的合理结构。这种结构特点是外壁薄，但稳定性极高，其独特形态可迅速分散物体表面的受力，使整个壳体表面受力均匀。因此，蛋形椅子的构成使人感受到被包围的安全感，受到人们的喜爱。（图3-16）

图3-15　蚂蚁椅

图3-16　蛋椅

3. 花朵椅

花朵椅的整体造型独特而美丽，宛如一朵绽放的鲜花。它的设计者是菲律宾设计师肯尼斯·科邦普。这把椅子使用了超细纤维材料，其缝合制成的褶皱就像花朵被风干的纹理，椅子基座是碗状的树脂基座，座椅底部用钢架支撑。这也是现代新型材料使用的代表作，整个座椅让人耳目一新，也是一种形式的尝试和突破。（图3-17）

图3-17　花朵椅

4.蝴蝶凳

蝴蝶凳的设计者柳宗理来自日本，蝴蝶凳整体造型很像是一只正在飞舞的蝴蝶。两块成形胶合板构成了“蝴蝶凳”的全部组件，胶合板中间通过一个轴心对称地相连。抽象形态仿生的蝴蝶凳的构造独具匠心，是家具设计中的经典之作。（图3-18）

自然界中有着无数的生命体，层出不穷的奇异造型、多维的结构、绚丽的色彩，都是仿生设计的灵感源泉。科技和经济的快速发展使仿生家具迎来了新的机遇，新技术、新材料的不断出现，使家具设计领域中千姿百态的仿生设计应运而生，这不仅极大地丰富了家具设计方法，还进一步推动了家具设计的发展。

图3-18　蝴蝶凳

三、模块化家具设计元素

模块化是什么呢？就像搭建积木，组合创造出新的“世界”，简单却不满足于简单。以下是经典模块化家具设计案例。

1.模块化酒架

模块化酒架“Woo”是波兰的家具设计师桑德拉·拉斯科夫斯卡（Sandra Laskowska）设计的，这款酒架是由多个8字环组成的，也同时与“Woo”单词的后两个字母oo的连体形态保持一致，整个酒架可以自由组合，最少3个一组就可以组合成一个小酒架。（图3-19）

图3-19 模块化酒架

2. 模块化办公家具

日本设计工作室Nendo推出的模块化办公系列家具使用简便，搭配灵活。人们可以根据自己的需要，通过拆分、组合，分别搭配出多种形式的办公空间。设计细节很人性化，每个模块都有一个很高的靠背，不仅能够更大程度减少周围噪声的干扰，还能最大限度保护隐私。（图3-20）

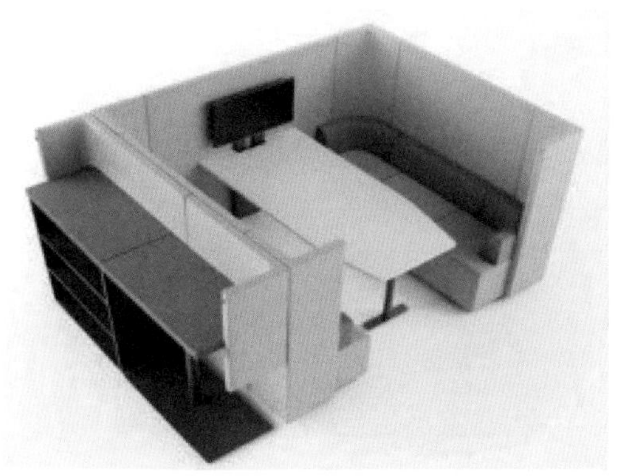

图3-20 模块化办公家具

3. 可任意组合的模块化家具

模块化家具FREI RAUM运用了当今非常流行的一种家具设计方式，便于运输、方便搭配，对现代人追求个性的想法简直了如指掌。设计师设计出一种可多次使用的60cm×60cm的单体元素，消费者可以根据自己的空间需求进行搭配重组，这款作品不仅可以完美适应形态迥异的空间，也解决了搬家时遇到的运输困难等困扰，而且从使用功能上看，使用者可根据自己的喜好或者空间实际情况，将这些单体元素重组为床、沙发、书架等，足以应对任意突发状况。（图3-21）

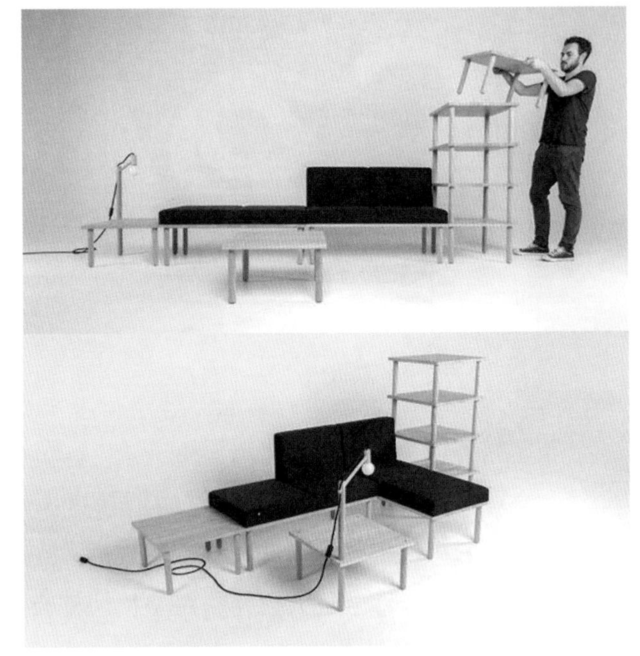

图3-21 模块化家具

第三节 家具设计创意方法运用

一、比例与尺度

比例与尺度的说法是从数学概念中演化来的，在美学概念上主要是指物体之间相对和谐的一种美感规律。比例与尺度主要从二维或三维方面度量所有的造型艺术，按度量的大小组成物体的大小，形成优美的造型形态。家具设计领域里，比例是度量家具不同方向的尺寸关系和家具局部与整体之间占

比关系形成的形式美规则。现代家具尺寸设计基本规则和标准来源于人体尺度，这种尺度设计规则标准和尺度关系延伸到家具与空间、家具整体与局部、家具部件与部件之间，形成的特定尺寸关系就被业界称为尺度。因此，家具造型设计做到完美与和谐的基本要素是良好的比例与尺度关系。（图3-22）

比例在家具设计里是家具各部分之间及其与空间之间的协调关系，家具通过点、线、面、体等造型要素来表现造型形态特征，往往好的家具都能良好处理家具的比例关系，能够更加充分地体现家具设计形式美。家具与家具之间的比例，是建筑空间中家具的长、宽、高之间的尺寸与整体尺寸的比例关系，要让人在视觉上感受到秩序井然、协调舒适。家具整体与局部、局部与部件的比例，主要是家具本身的比例关系和尺寸关系，这里影响的是家具本身的造型形象。所谓家具形式美就是使家具外观优美、造型比例匀称并能兼具实用功能。（图3-23）

家具设计的核心问题是从功能和审美角度出发进行尺度设计，兼顾家具与空间、家具与家具之间的关系。家具中的尺度是家具相对于空间的绝对尺寸。人体尺度是家具和设备尺寸设定的重要参考依据，在此前提下，比例不变，尺度也可能发生各式各样的变化，良好的尺度关系能让人感到舒适、安全。

图3-22　古典家具

图3-23　当代家具

二、模拟与仿生

大自然永远是家具设计师取之不尽、用之不竭的设计创造源泉。人类早期的家具直接取用于大自然，随着艺术造型形式的发展，人们开始对大自然形态进行思考和提炼。大自然中的动植物，无论是造型、结构还是色彩、肌理都呈现出和谐韵律之美，让见者难忘，迸发设计灵感。现代家具运用仿生与模拟的手法，在遵循人体工学的前提下，借鉴自然界中动植物的典型特征对家具的造型与功能进行设计和改造，使家具的形象特征更加生动鲜明。

模拟简单讲是对自然形象的直接模仿，深层次说也是指通过联想的手法由一种事物到另一种事物的思维推移和呼应，更深层的模拟还有通过具体事物来暗示或寄寓情感的作用，这在设计领域中比较常见，家具设计也不例外。在家具造型设计中，模拟的形式归纳为两点。其一是整体造型的模拟，综合归纳自然对象的特征，然后进行提炼概括，采用简化或结合等形式赋予家具全新的外形。形态或是抽象几何形，或是具象的植物或动物形象等。其二是家具零部件的模拟，如桌椅的脚、椅子的扶手等，这些功能性或装饰性的零部件被模拟的对象，可以是人、植物、动物、山川、河流、彩云等形象。

仿生是在生物学原理前提下对自然界形象进行提炼、加工、创造设计，并使新造型符合生物形象规律的设计过程。仿生设计结合现代新材料和工艺技术，为家具设计开辟了新视野，例如壳体结构的特点是壁面薄，但是具有较高的抵抗外力的物理特性，是设计师们仿生运用较多也很典型的结构形态。（图3-24、3-25）

又如充气结构，生物体的气囊固有的柔软特性，提高了生物体的抗震、抗压、缓冲和支撑能力，充气沙发、床垫等就是模仿此原理产生的新型家具。俄罗斯家具设计师伊戈尔·洛巴诺夫（Igor Lobanov）设计了一款灵感来源于植物细胞组织的多功能细胞充气沙发。这件名为“PicCells”的家具把仿生学的应用发挥到了极致，是一件可以展开的充气沙发。该沙发在收

起时，可以当作空间隔断使用；在展开时，往细胞状结构里面充气后就变成柔软的沙发坐垫，外壳还兼具置物功能。沙发的细胞结构灵感源于橘子、树叶、蝴蝶、泡沫等动植物和物品的纹路，细胞之间还能相互关联并可以细部调整，从功能上将沙发、隔断和置物桌三者功能融为有机的整体，结构上采用折叠和充气式，大大节省了空间，让该细胞状结构设计成为仿生设计的典范。（图3-26）

图3-24　贝壳椅

图3-25　日月贝建筑

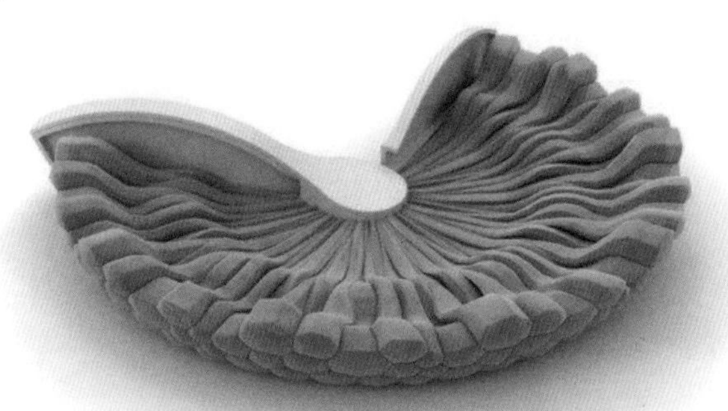

图3-26　PicCells

模拟与仿生是家具造型手法，不是仅追求形式，而是取其意向，根据功能、材料工艺、环境要求等恰当运用，最终目的是发挥创意，设计创造出功能合理、造型优美的家具。（图3-27）

图3-27 鲸鱼钢琴

三、节奏与韵律

节奏与韵律是自然事物自然美的现象和规律。我们常常见到的树的年轮、水的波纹、花叶的脉络等都蕴藏着节奏和韵律美。条理性、连续性及重复性的艺术手法表现形式被归纳为节奏；韵律则是有规律的重复和变化的综合体现。节奏是构成韵律的元素，韵律则是节奏的深化，两者相互成就密不可分。（图3-28、3-29）

图3-28 家具中的节奏与韵律1

图3-29 家具中的节奏与韵律2

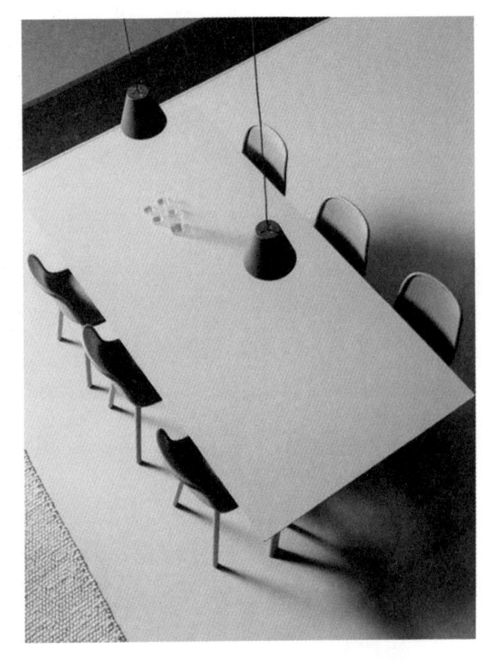
图3-30 连续性节奏与韵律

连续性节奏与韵律：由一个或几个元素按一定距离连续重复排列而形成一定的节奏与韵律感。在家具设计中，单体排列的方式如椅子的靠背，细小的构件元素如橱柜的拉手等，其排列方式也会获得连续的韵律感。（图3-30）

渐变性节奏与韵律：对某元素进行连续重复排列时，有规则地逐渐增长或减少，这样就产生渐变性节奏与韵律。（图3-31）

起伏性节奏与韵律：将渐变的元素加以高低起伏的重复，则会产生较强的节奏感，形成类似波浪起伏的韵律方式。有机造型的起伏变化比如壳体结构家具，家具排列的高低错落比如酒柜和餐桌椅的错落等等，在家具造型中都属于起伏性节奏与韵律的运用。（图3-32）

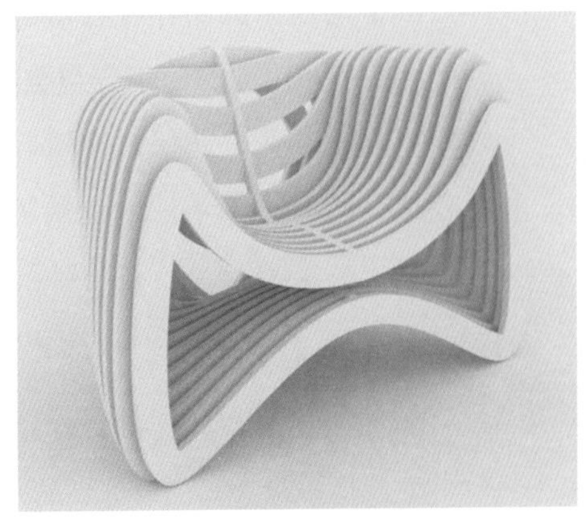
图3-31 渐变性节奏与韵律

图3-32 起伏性节奏与韵律

图3-33 交错性节奏与韵律

交错性节奏与韵律：连续重复的元素或单元结构，相互交错或穿插，按照一定规律重复、排列就会形成一种交错性节奏与韵律，比如中式博古架的层板交错、竹藤家具中的编织花纹的交错等都是交错性节奏与韵律手法。(图3-33)

由于现代家具制作中标准部件组合化的工艺诞生，促使现代家具构建有规律的重复、排列的应用变得更多，也多层面、多角度展现出节奏韵律美。总之，重复、渐变、起伏、交错等艺术手法可以看出节奏与韵律的共性是重复与变化，这些艺术手法的运用进一步丰富了家具造型形式，强化了设计统一效果。

四、人类工程学在家具创意中的应用

人类工程学是以人类学、行为学、生理学等作为研究基础，研究生产器具、生活用具，使环境、功能与人体相适应的科学。人类工程学的各项设计

尺度原则是家具设计必须参考的重要指标，根据人的生理特征、活动方式、人体、动作尺度及感官效应等来确定家具的尺寸、功能、造型、颜色、材质、工艺等，使人体与家具之间处于一种最佳的平衡状态，进一步提高生产效能和生活效率。人类工程学的目的是把人类能力特征、行为动机，以系统的方法引入设计过程中去，从而使家具等更好地服务人类。

人类最初制造工具、营造居所的目的就是为人的需求服务，因此从古至今的家具用品、建筑设计都已经把人类工程学的细节融入进去了。首先要考虑尺寸合适、方便使用，设计和制作时更要考虑到安全性和效率，因此人类工程学是在工具制作、建造住宅的行为中自然发展起来的，并不是现代社会的独立产物，而现代设计上参考尊重人体因素也属必然了。但人类工程学在20世纪初才作为一门独立的科学出现，它的主要服务对象从简单的手工家具生产，转而面向工业化的家具设计生产。现代工业的分工细化使制作工艺变得更复杂，也使以前完全靠手工师傅的感觉、靠经验积累的工作方式不再适用，工业化的革新迫使人类工程学科诞生，以适应新的设计需求。

人类工程学一直在做的事情就是研究人与家具互动的各种数据，进一步分析人与家具之间的最佳关系，进而寻找最适宜的协调数据为家具设计提供参考，其研究内容不仅包括工业产品设备设施、环境的设计，还辐射到人类工作和活动过程的方方面面，以便于设计师对人机之间关系的分析和设计。为了提高人类工作和生活、活动的效率，人类致力于研究力学以产生更好的产品，另一方面还可以保障和提高人类追求的如审美、安全等等价值。

人和环境是相互影响的，人类工程学结合人体测量数据、生理机能和心理因素对环境和人的活动空间进行分析，以改善人和环境的相互关系。人类工程学认为使用者对环境的满意程度取决于人和环境的相互作用关系。如果把人体感官对色彩、温度、声音等的反应与身体力学和人体测量数据结合起来，对设计实用性强还更能兼顾人文特色的家具有着极大的优势。

人类工程学是家具设计数据的科学来源依据，通过科学的实验和计量对人在使用家具的过程中产生的生理、心理反应进行了分析。为了研究家具设计，人类工程学对家具按照与人关系的密切程度进行了分类，把人的工作、学习、休息等生活行为分解成各种姿势模型，并根据人的立位、坐位的基准点来规范家具的基本尺度。比如座椅高度范围在390mm—450mm，这是以大多数人的身高坐位基准点进行测量得到的数据，当高度小于此范围，正常身高的人膝盖会拱起，坐下时间一长就会引起不适且起立困难，因此低于正常范围的高度只适用于特殊身高群体或儿童；当高度高于500mm时，因为大于人体下肢长度，会增加大腿部分体压，导致小腿肿胀等后果。（图3-34）

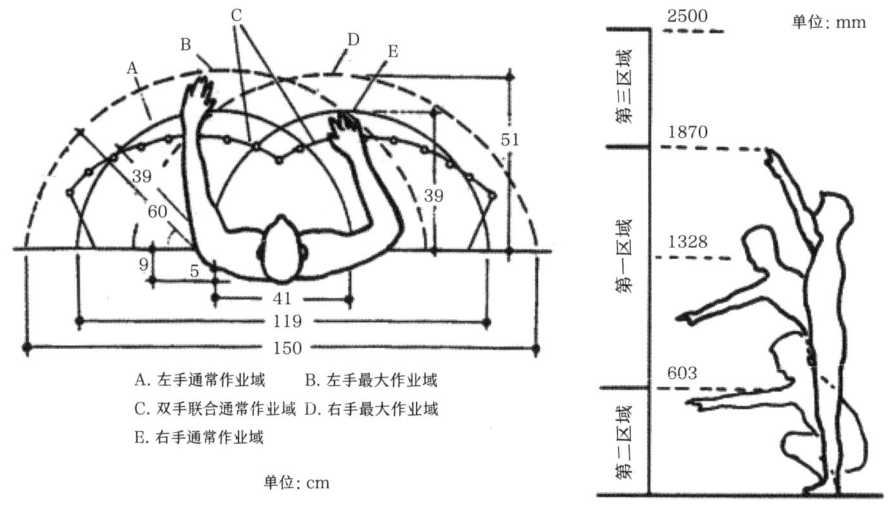

图3-34 人的立位、坐位的基准点

家具设计中以人体数据为基础，来获取人在室内活动中的合理空间范围，要从人体尺度、人体动态区域、心理空间等多个方面来考量，以人的尺度为设计的核心依据，结合设备设施的通用尺度来对室内环境进行再创造。良好的家具设计，可以提高工作效率，节约时间，并能适当减轻人劳动时的疲劳感，维护人体正常姿态并有益于身心健康。

家具设计中尤其需要注意人类工程学的家具非医用家具莫属。“以人为本”一直是人类工程学重视和秉承的设计原则，讲求一切为人服务。医用家具设计为达到安全性高、方便实用、美观舒适的目的，设计的都是符合人体生理、心理尺度及人体各部分的活动规律的尺度、造型、色彩及布置方式。（图3-35）

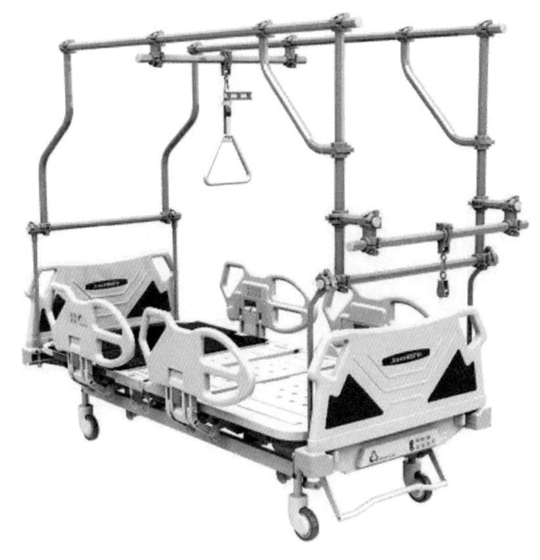

图3-35　骨科 · 引架

在家具设计领域，人类工程学最大的作用就是为家具设计提供了科学的数据依据。人类工程学通过多次的科学实验和计量，研究人体的生理需求数据及使用后的心理反应，这些数据给家具设计带来了极大的便利，也给了家具设计统一规范的可能。

家具设计创意训练

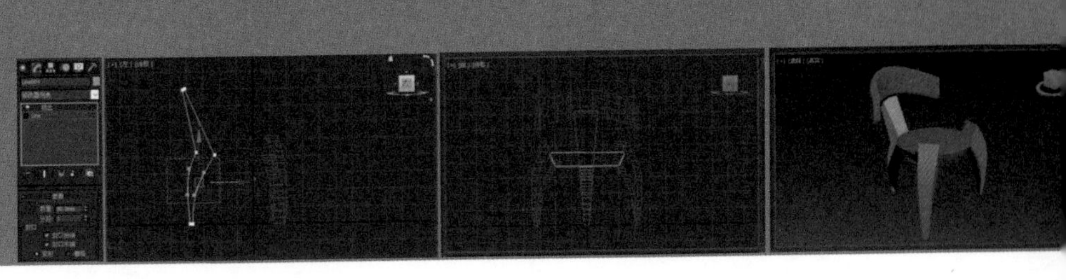

家具设计的图纸画设计方式是为了以形象化的图画语言传达设计功能，对家具制作者来说更便于沟通也更直观。图纸逐步演变得更加详细，制图也越来越规范，从最初的创意构思到初步的概念草图再到效果图、三视图、功能分析图、部件图等，无不反映着家具创意，为生产带来便利。我们通过手绘和电脑绘制等多种途径完成创意设计图纸。（图4-1、4-2、4-3）

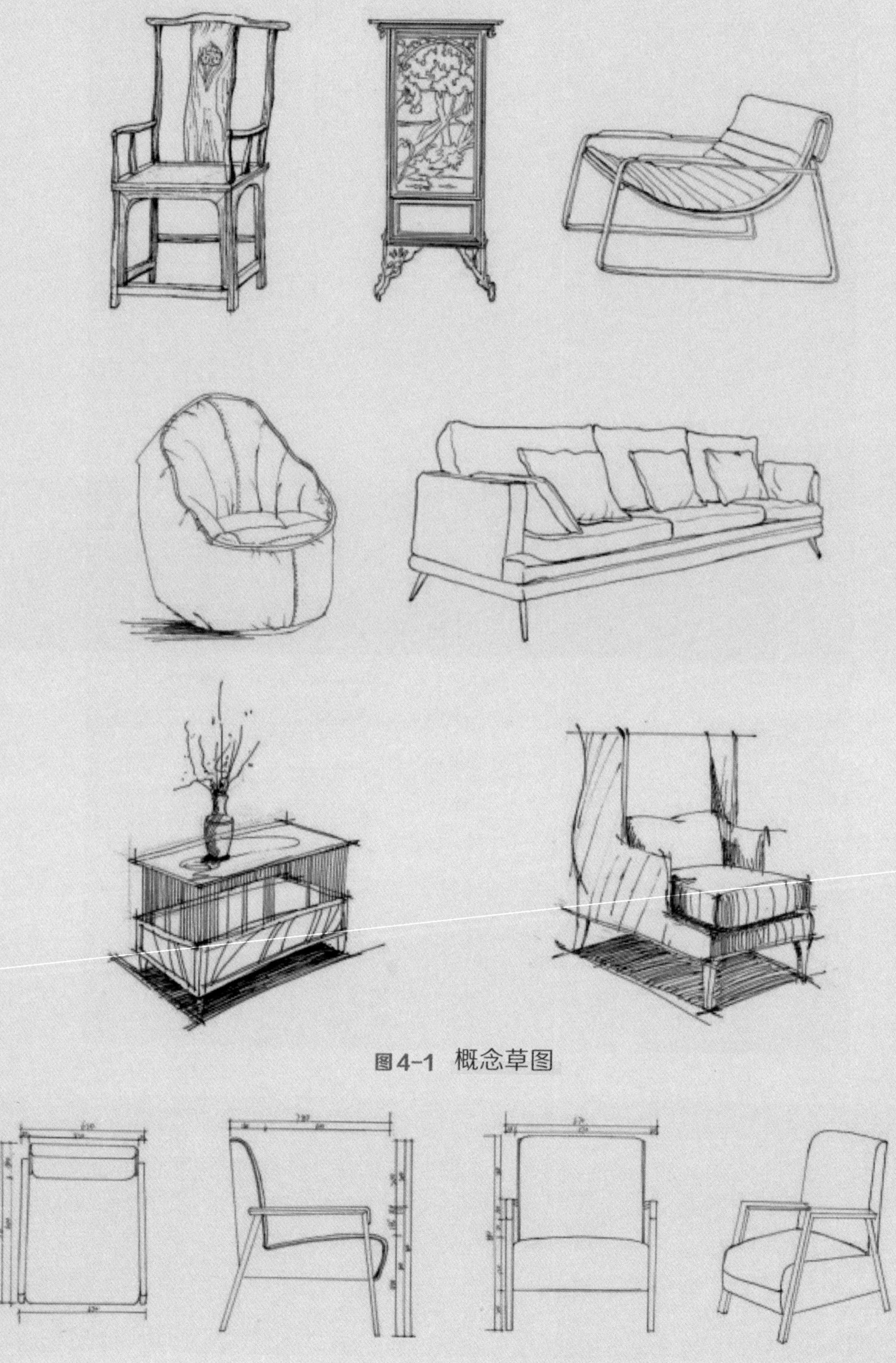

图4-1 概念草图

图4-2 手绘椅子三视图

图4-3　手绘效果图

第一节　家具设计常用软件

一般来说，利用计算机来进行设计分析、绘制图纸、优化图纸等工作的技术被称为计算机辅助设计技术。这项高新技术实现了设计自动化，在科研成果的开发和转化上做出了很大的贡献，也进一步增强了企业的市场竞争力，优化了传统产业的发展。到目前为止，计算机辅助设计技术主要应用于产品的外形结构、零件等的设计，能减少设计误差，极大缩短产品研发和制作周期，在当前社会，计算机辅助设计技术及其应用已经成为发达国家制造业保持优势竞争力的重要手段和衡量一个国家和地区科技发展水平的重要标志。随着计算机性能的优化，网络技术的发展，多媒体技术、智能化的信息处理，计算机辅助设计技术的应用范围扩大到集成智能和精准化的方向。随着计算机不断地融入制造业当中，计算机辅助设计技术中普及率最高的两款软件CAD和3DS Max也成为现代家具设计必用软件。

一、CAD制图

随着时代的进步，计算机辅助设计技术的出现为现代家具设计师展现出一个全新的设计空间。CAD（Computer Aided Design）制图软件是计算机辅助设计领域制作矢量图的软件之一，优势很突出，功能强大、易学好用、价格适中，在家具设计行业拥有广大的用户群。

CAD制图软件的用户界面操作简单，适应性也很强，可以在各种操作系统支持的微型计算机和工作站上运行，并支持分辨率由320×200到2048×1024的各种图形显示设备40多种，以及数字仪和鼠标器30多种，绘图仪和打印机数十种，它的设计环境让非计算机专业人员也能很快地学会

使用，这就为CAD制图软件的普及创造了条件，CAD制图软件拥有以下优点：

1. 图形绘制功能完善；

2. 图形编辑功能强大；

3. 可以采用多种方式进行二次开发或用户定制；

4. 数据交换能力强，可以转换多种图形格式；

5. 硬件设备配备要求低；

6. 支持多种操作平台；

7. 具有通用性、易用性。

利用计算机辅助设计中的自动参数化软件整体设计家具，只要确定产品外观尺寸，就能一次性绘出产品的结构装配图和零件图，达到提高制图效率和制图质量的目的。非计算机专业的人士也能通过多次实践掌握CAD的各种应用和开发技巧。

现以这款随意折叠的椅子为例，运用AutoCAD软件绘制出其线稿。（图4-4）

图4-4　折叠椅

（一）正视图

1. 用xl线偏移指定数值，画出辅助线；（图4-5）

2. 裁剪得到基本型；（图4-6）

3. 偏移指定数值画出靠背、椅坐、椅脚弯曲处；(图4-7)

4. 刻画整体细节；(图4-8)

5. 完整正视图。(图4-9)

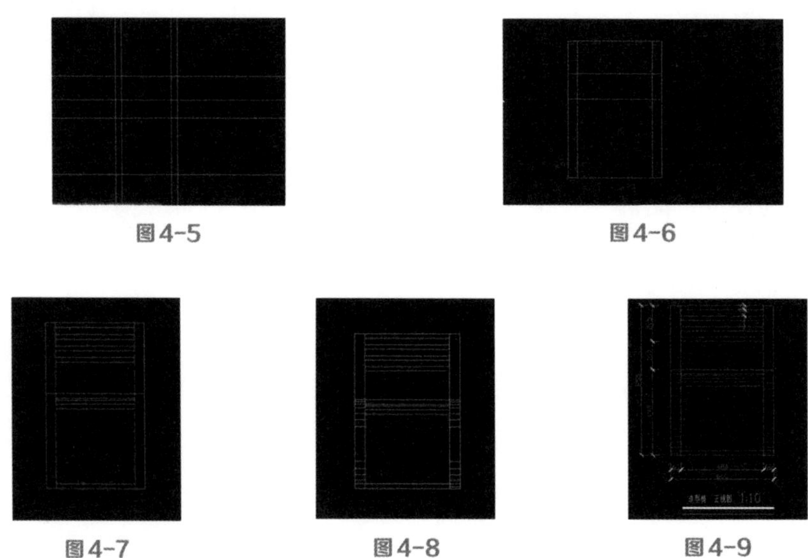

图4-5

图4-6

图4-7

图4-8

图4-9

（二）侧视图

1. xl线偏移指定数值，画出辅助线；(图4-10)

2. 画出指定半径圆（R220），画出座椅底部；(图4-11)

3. 调整好位置偏移出宽度（20mm）；(图4-12)

4. 再偏移出宽度（5mm）；(图4-13)

5. 继续添加辅助线；(图4-14)

6. 直线画出椅座；(图4-15)

7. 画指定半径圆（R70），画出椅座和靠背的连接；(图4-16)

8. 画指定半径圆（R325），画出座椅靠背；(图4-17)

9. 偏移指定数值做宽度（20mm+5mm）；（图4-18）

10. 裁剪（tr）连接（ex）出细节；（图4-19）

11. 完整侧视图。（图4-20）

图4-10

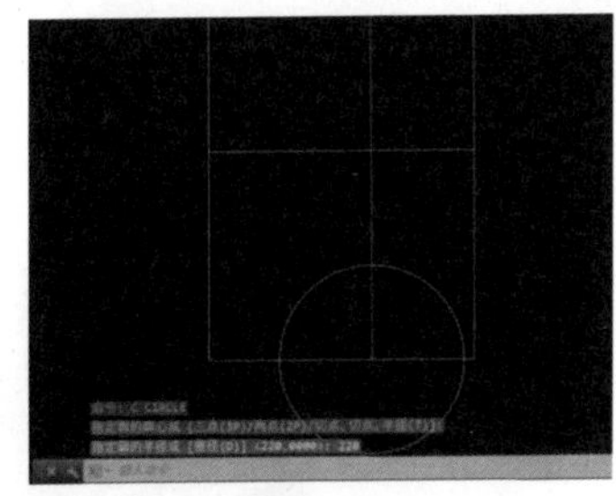

图4-11

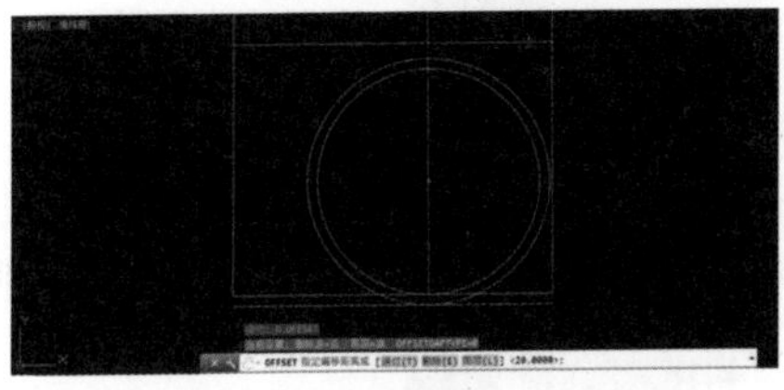

图4-12

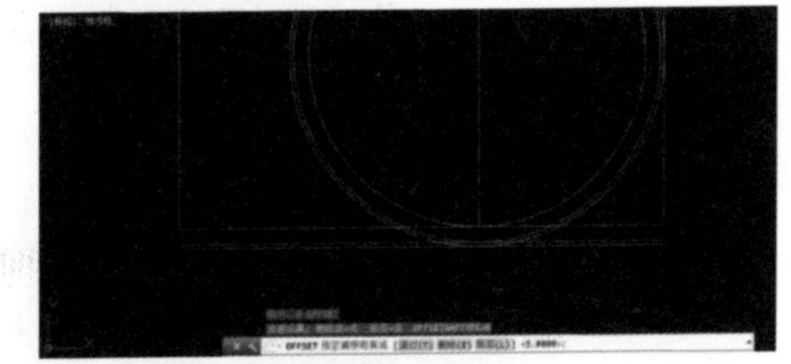

图4-13

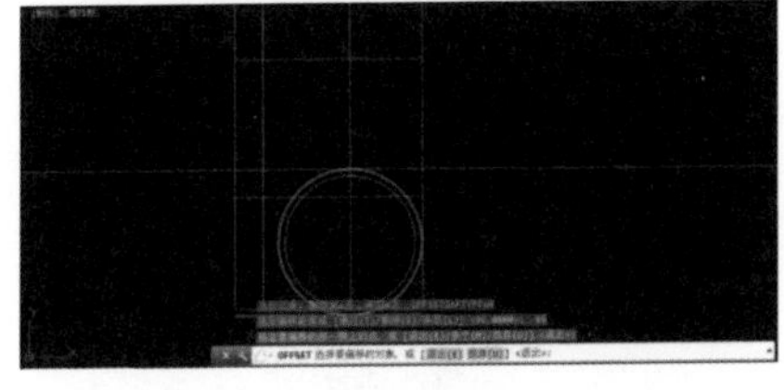

图4-14

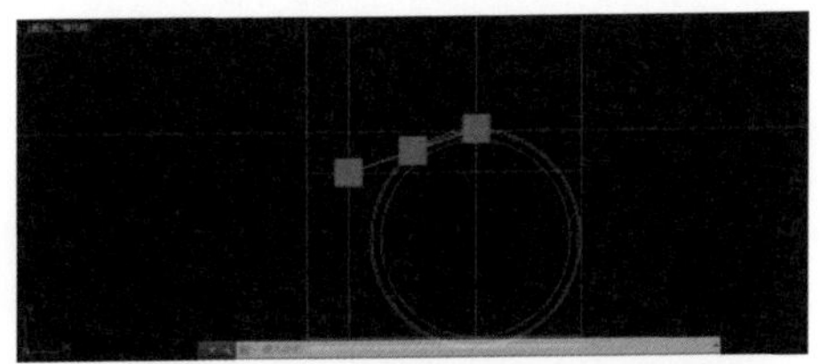

图4-15

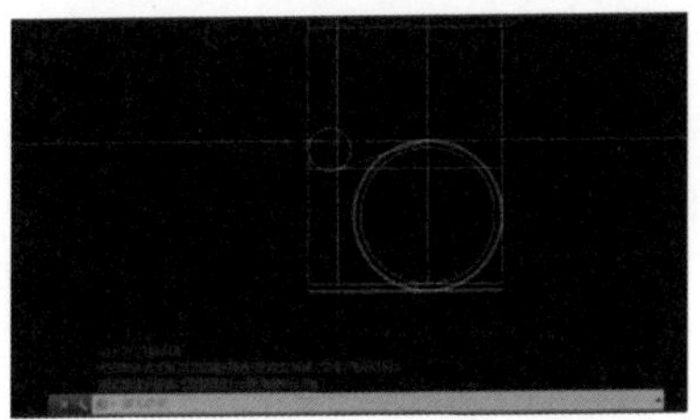

图4-16

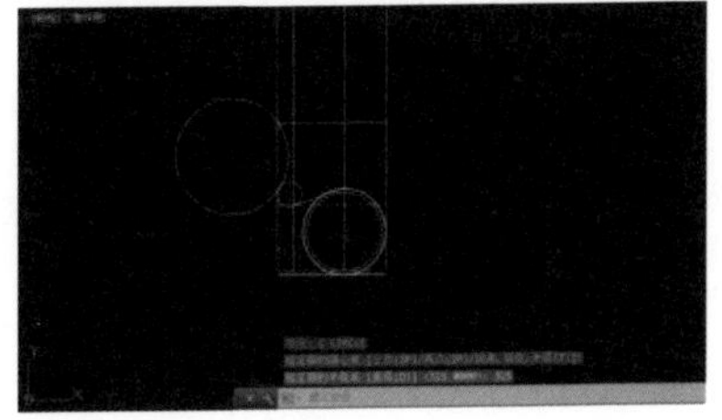

图4-17

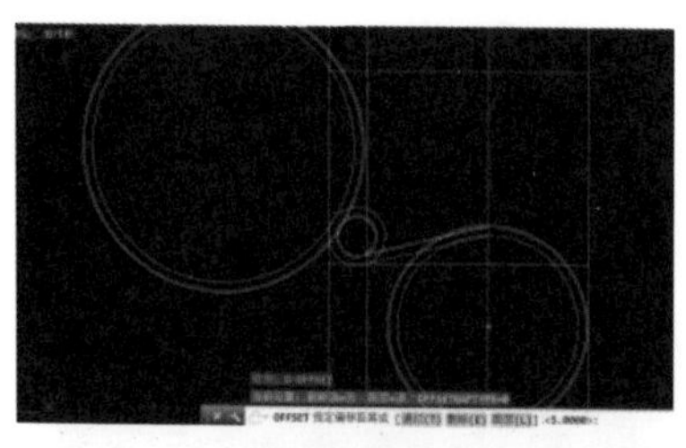

图4-18

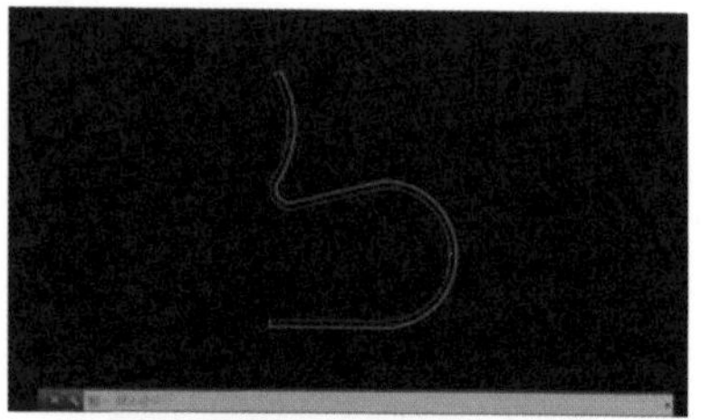

图4-19

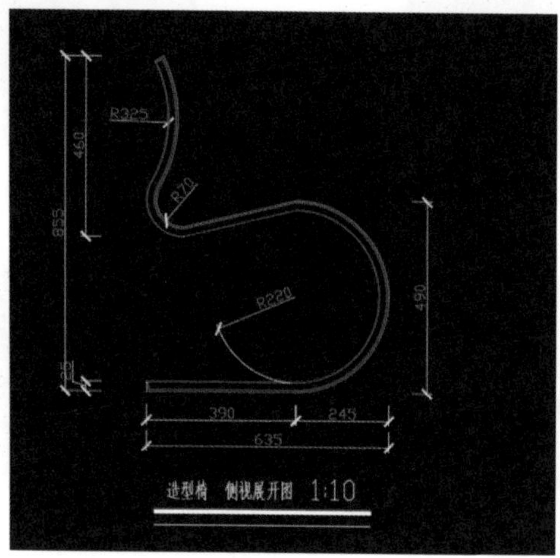

图4-20

（三）侧视图折叠效果图1

1. 与侧视图同法做出底座；（图4-21）

2. 画辅助线；（图4-22）

3. 画指定半径圆（R65），弧线画座椅靠背；（图4-23）

4. 偏移指定数值做宽度（20mm+5mm）；（图4-24）

5. 裁剪（tr）连接（ex）出细节；（图4-25）

6. 完整侧视图折叠效果图1。（图4-26）

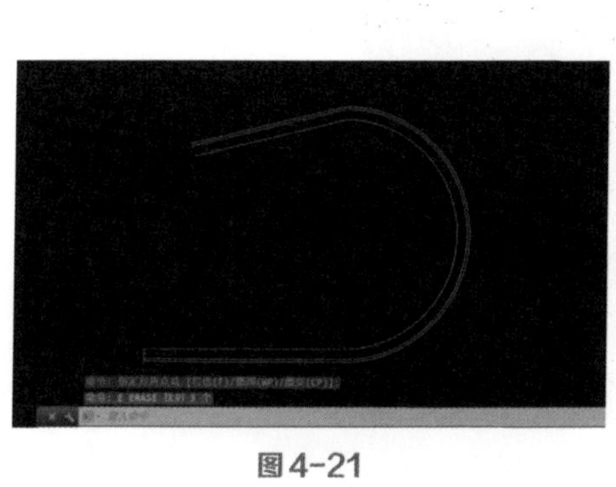
图4-21

图4-22

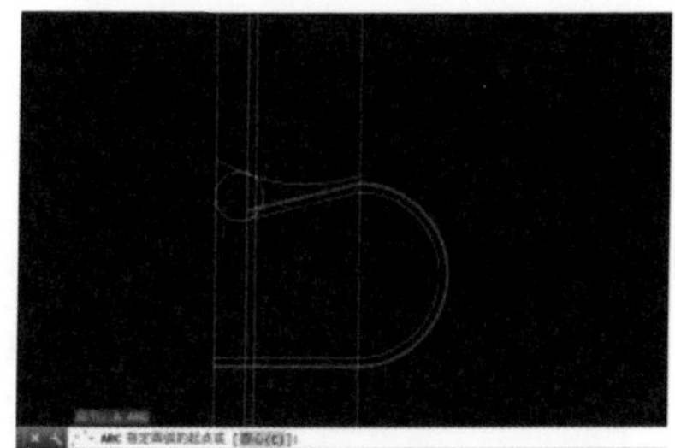
图4-23

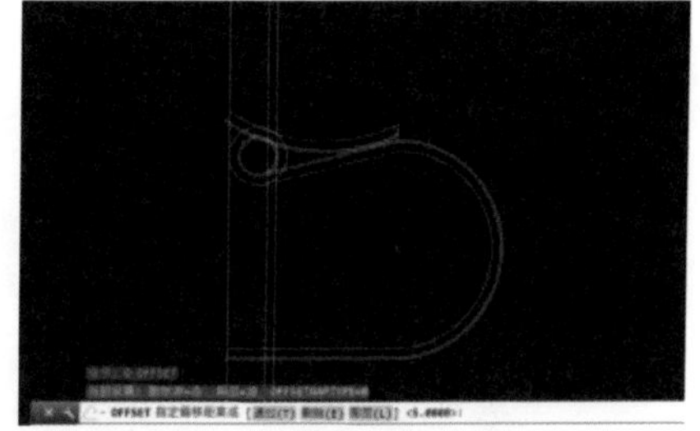
图4-24

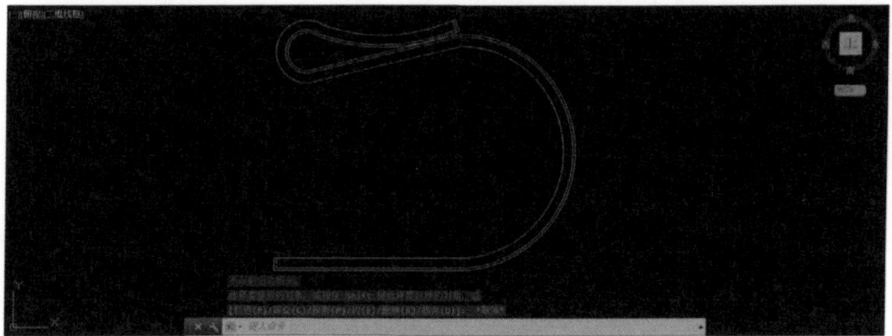
图4-25

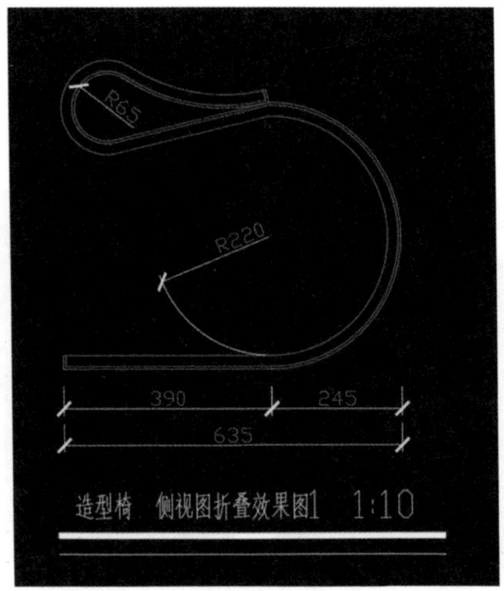

图4-26

(四) 侧视图折叠效果图2

1. 辅助线画基本型；(图4-27)

2. 偏移指定数值做宽度（20mm+5mm）；(图4-28)

3. 画弧线；(图4-29)

4. Helix命令画螺旋辅助线；(图4-30)

5. 将辅助线颜色变浅画三点弧线；(图4-31)

6. 三点弧线完成效果；(图4-32)

7. 删除所有辅助线；(图4-33)

8. 偏移指定数值做宽度（20mm+5mm），得到完整侧视图折叠效果图2。(图4-34)

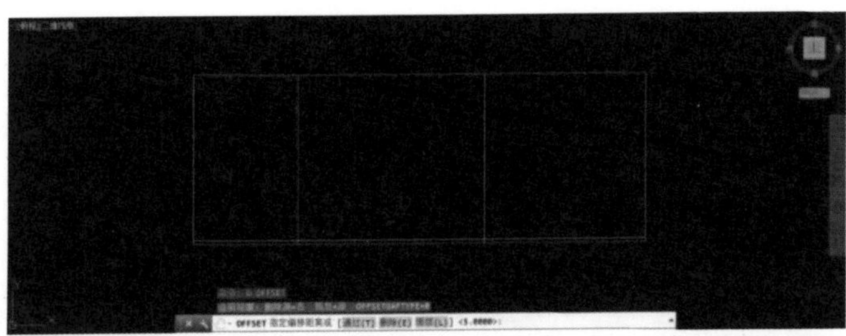

图4-27

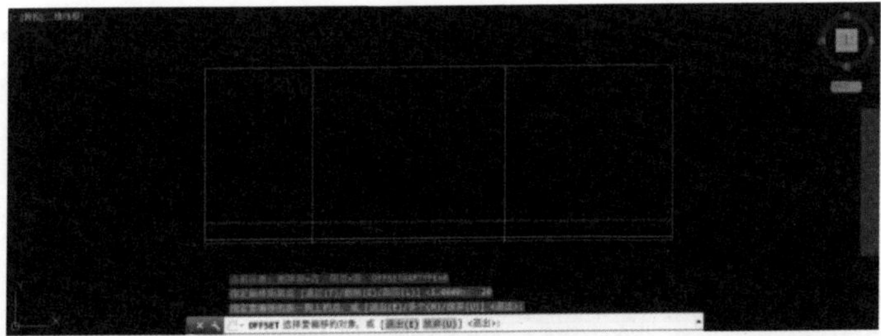

图4-28

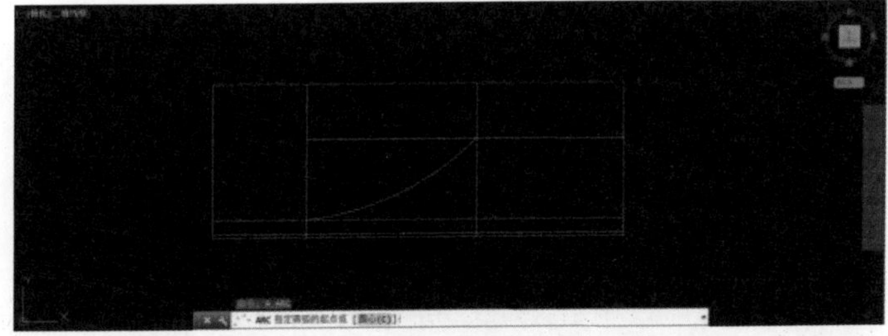

图4-29

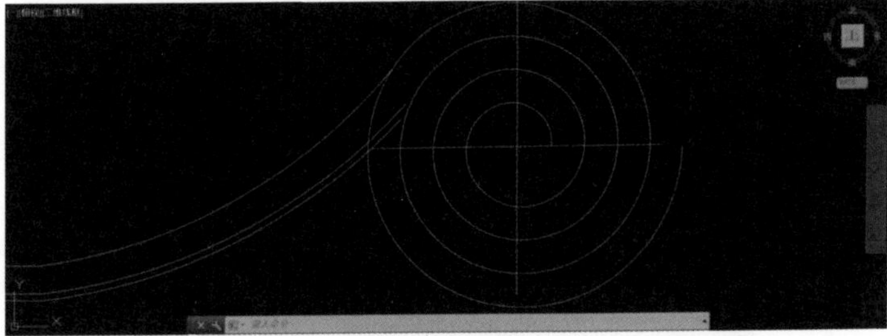

图4-30

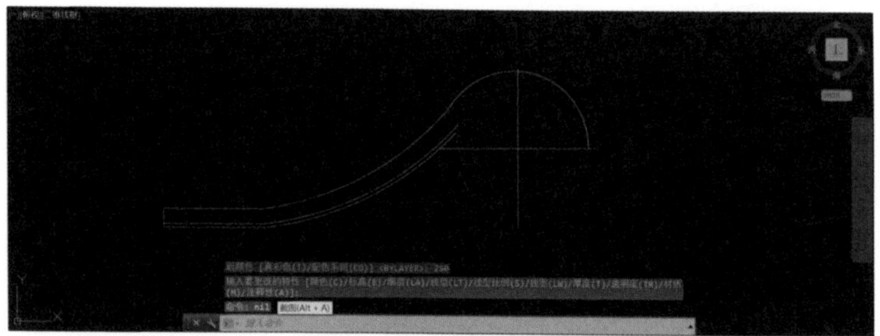

图4-31

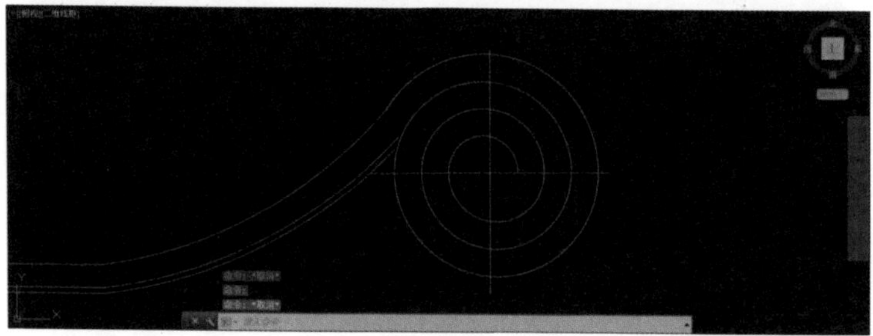

图4-32

图4-33

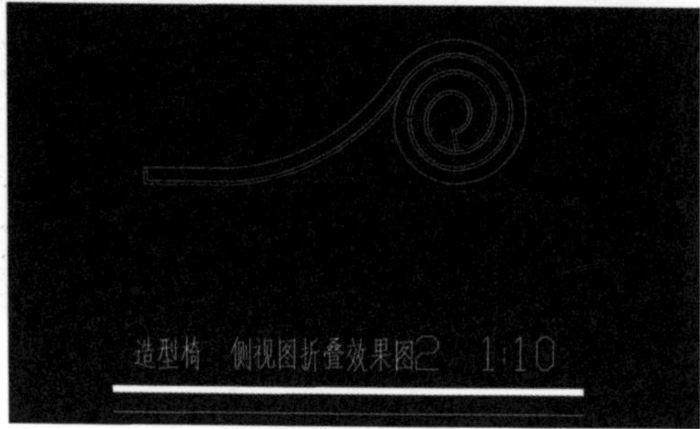

图4-34

（五）顶视图

1. rec命令画出长635mm宽600mm的矩形；（图4-35）

2. 偏移出靠背的位置；（图4-36）

3. 偏移出椅座的位置；（图4-37）

4. 画出曲线处细节；（图4-38）

5. 完整顶视图。（图4-39）

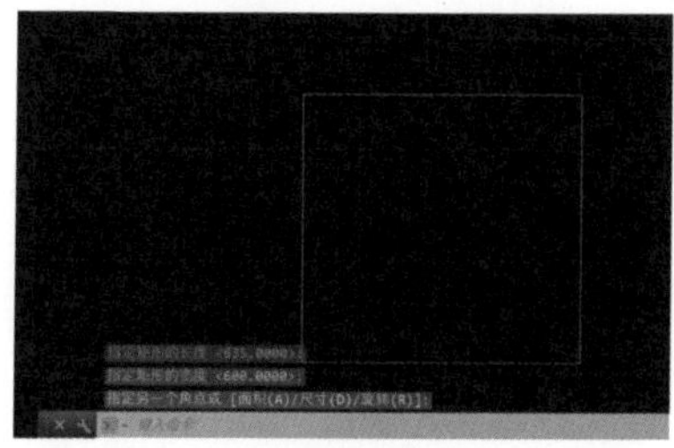

图4-35

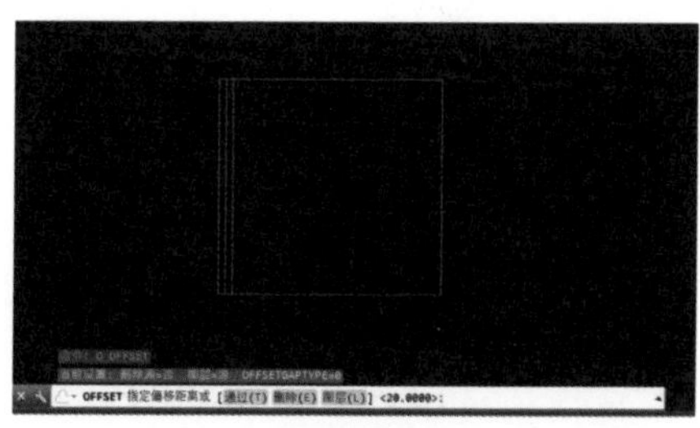

图4-36

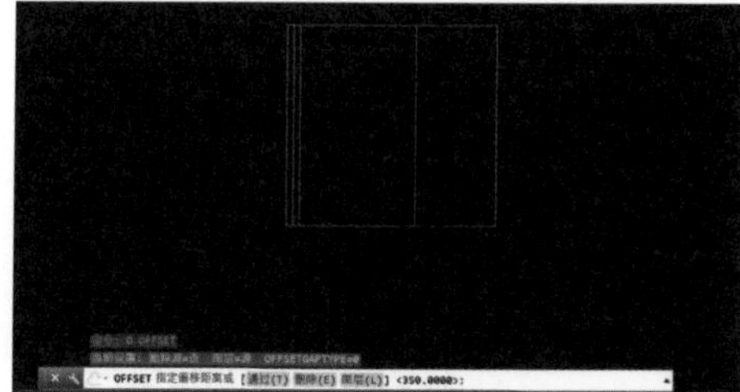

图4-37

图4-38

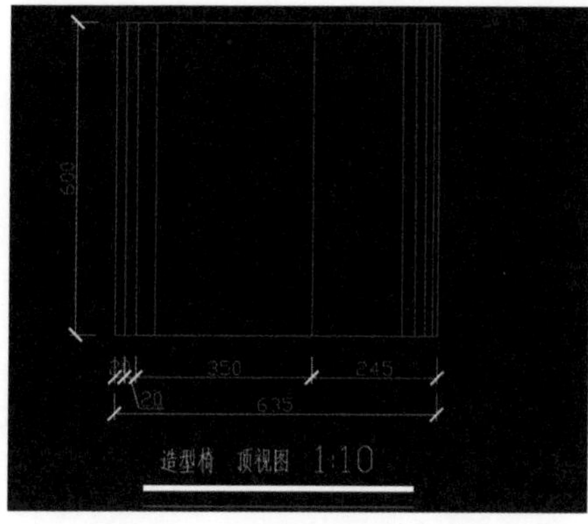

图4-39

二、3DS Max制图

3D Studio Max，常简称为3D Max或3DS Max，是基于PC系统的三维动画渲染和制作软件。3D Studio Max + Windows NT组合的出现降低了CG制作的门槛，目前最新的版本是3DS Max 2021。它广泛应用于广告、影视、工业设计、建筑、室内设计、三维动画、多媒体制作、游戏以及工程可视化等领域。

（一）3DS Max软件优势

3DS Max软件优势明显，深受用户欢迎，将向智能化、多元化方向发展。

1.性价比高

3DS Max性能价格比好，它功能强大、价格低廉，硬件系统的要求相对来说也很低，这样就降低了作品的制作成本，普通制作公司能用得上，因此普及非常快。

2.使用者多，便于交流

因为制作公司的普及率高，在国内使用者最多，互联网上的交流也越来越多，网络教程、论坛层出不穷，也很受欢迎。

3.上手容易

3DS Max的制作流程十分简洁高效，操作思路清晰上手是非常容易的，零基础的人也可以很快学会。高版本的操作简便，有利于初学者学习。

4.安装插件（plugins）

插件可提供3DS Max所没有的功能以及增强原本的功能。

(二)3D模型制作实例

下面我们以一款椅子为例，使用3DS Max软件绘制。(图4-40)

图4-40

1. 3D模型制作步骤1

(1) 工具栏中扩展基本体，选切角圆柱；(图4-41)

(2) 修改器列表中修改参数；(图4-42)

(3) 切换到顶视图，并进入扩展基本体；(图4-43)

(4) 设置离地面距离370mm；(图4-44)

(5) 单独放大前视图，进入样条线，绘制椅腿；(图4-45)

(6) 选点，右键选取Bezier命令，调整曲线；(图4-46)

(7) 修改器列表使用挤出命令；(图4-47)

(8) 进入顶视图，在Y轴上缩小；(图4-48)

(9) 调整位置：旋转命令，角度约束命令；约束按钮点选右键出现对话框；旋转25度；(图4-49)

(10) 镜像命令。(图4-50)

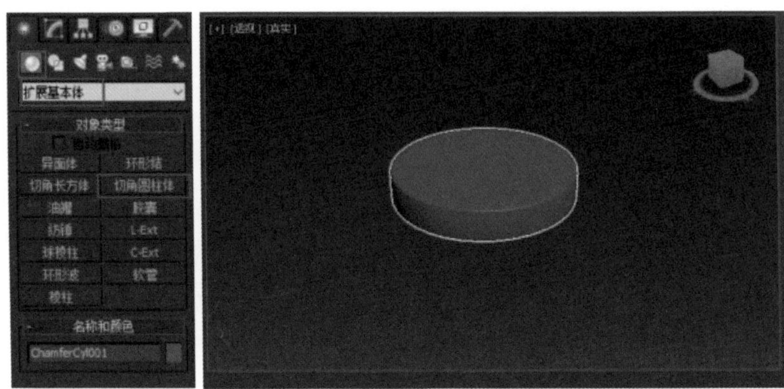
扩展基本体
对象类型
异面体
环形结
切角长方体
切角圆柱体
油罐
胶囊
纺锤
L-Ext
球棱柱
C-Ext
环形波
软管
棱柱
名称和颜色
ChamferCyl001

图4-41

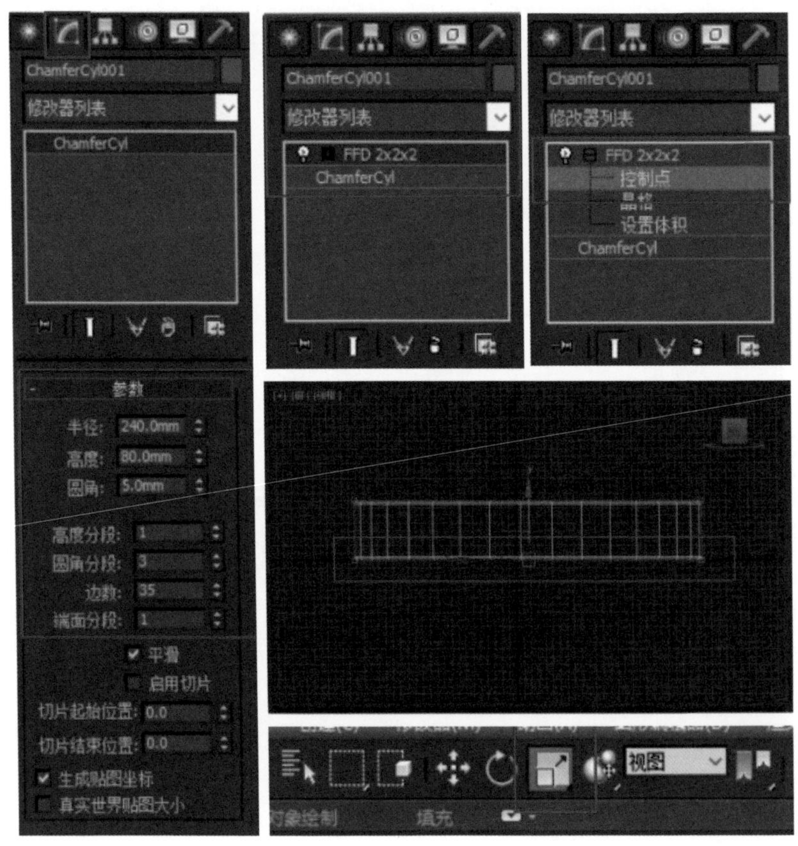
ChamferCyl001
修改器列表
ChamferCyl
FFD 2x2x2
控制点
晶格
设置体积
参数
半径: 240.0mm
高度: 80.0mm
圆角: 5.0mm
高度分段: 1
圆角分段: 3
边数: 35
端面分段: 1
平滑
启用切片
切片起始位置: 0.0
切片结束位置: 0.0
生成贴图坐标
真实世界贴图大小
视图
对象绘制
填充

图4-42

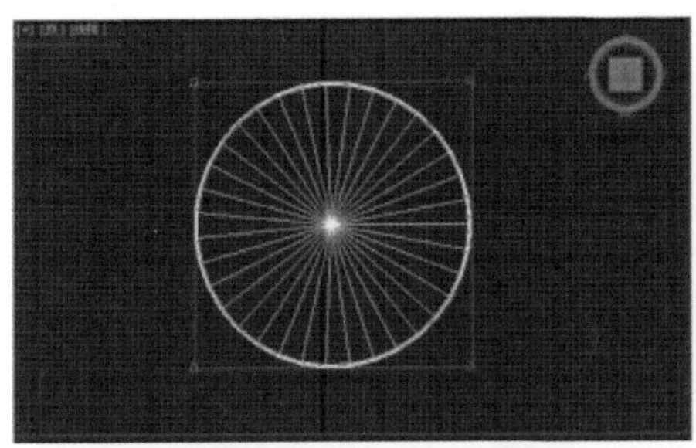

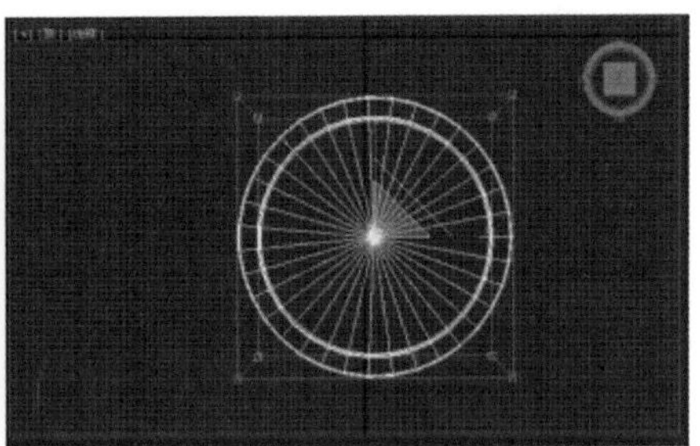

扩展基本体
对象类型

图4-43

视图
移动变换输入
绝对:世界
X: 0.0mm
Y: 0.0mm
Z: 370.0mm
偏移:世界
X: 0.0mm
Y: 0.0mm
Z: 0.0mm

图4-44

样条线
对象类型
自动栅格
开始新图形
线
矩形
圆
椭圆
弧
圆环
多边形
星形
文本
螺旋线
卵形
截面

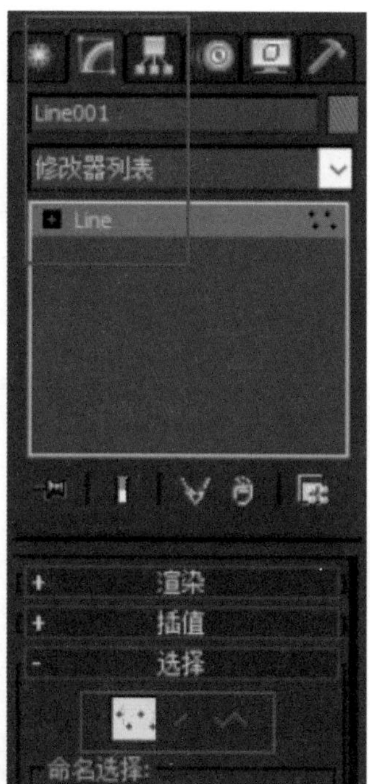
Line001
修改器列表
Line
渲染
插值
选择
命名选择:

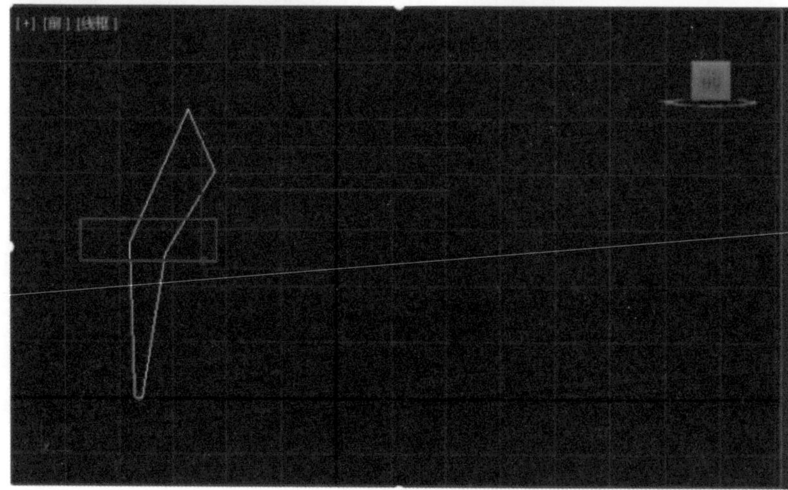

图4-45

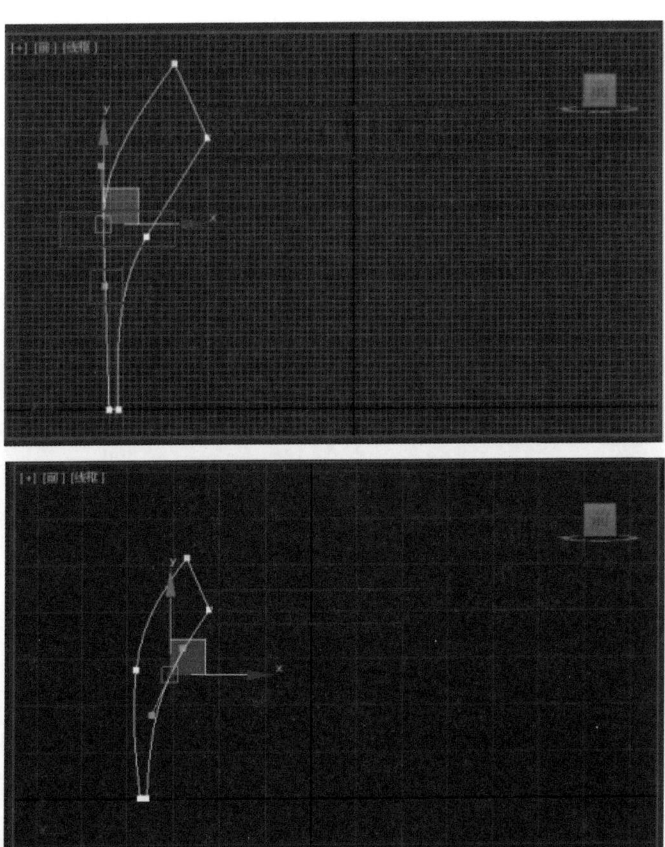

图4-46

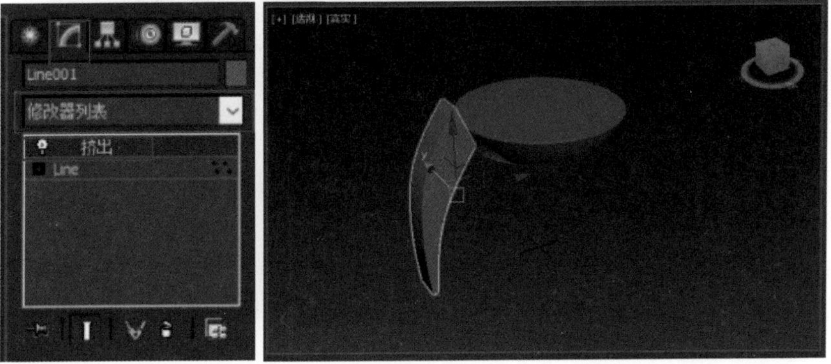

图4-47

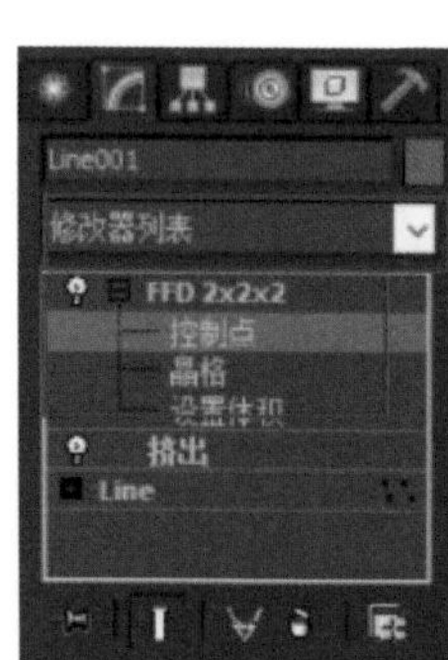

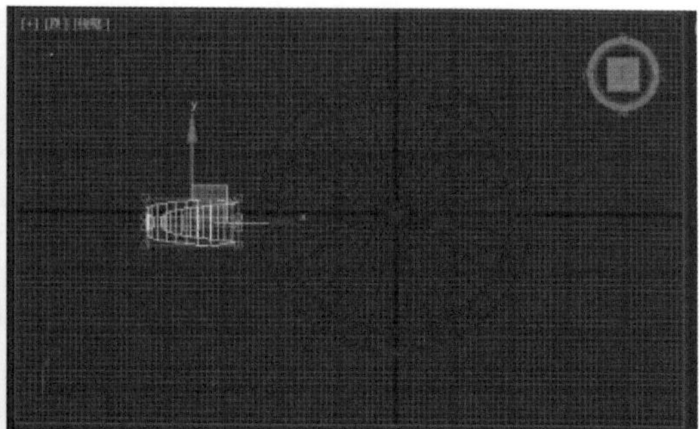

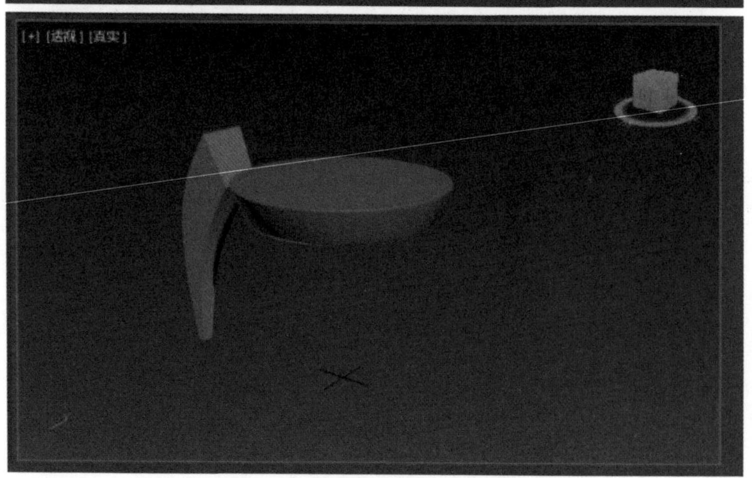

图4-48

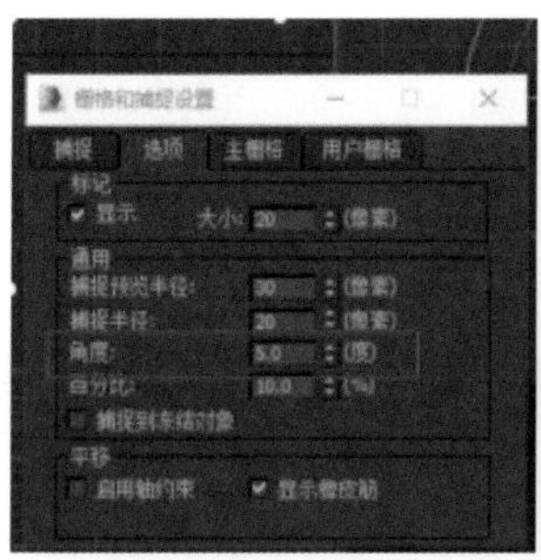

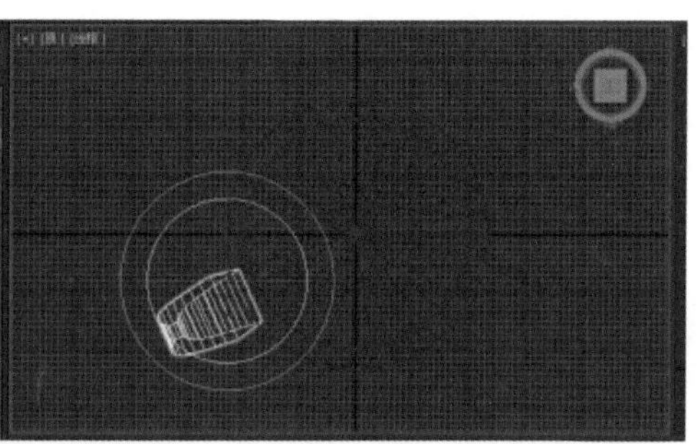

图4-49

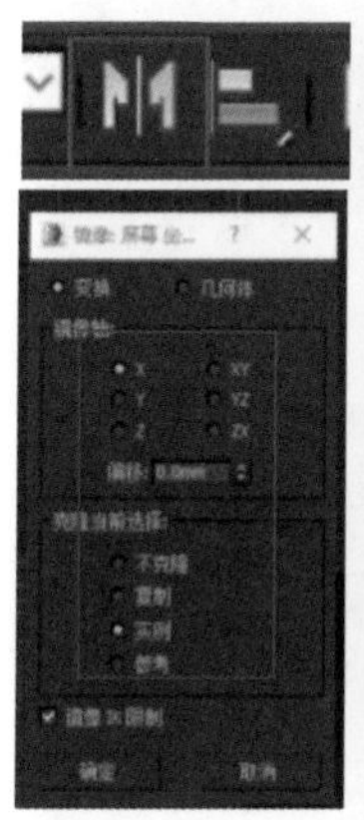

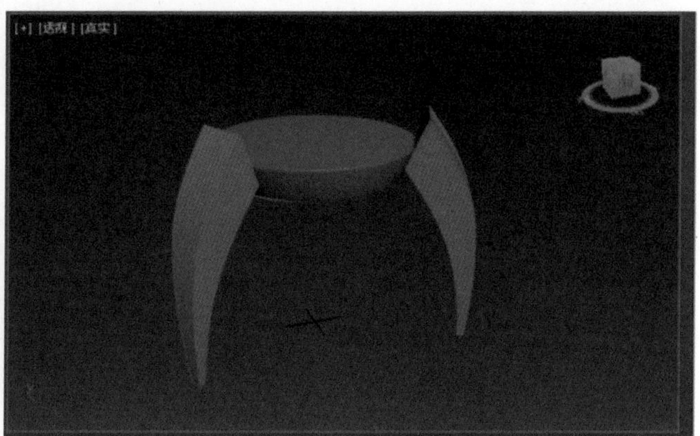

图4-50

2. 3D模型制作步骤2

（1）左视图，通过二维线命令勾画出第三条椅脚；（图4-51）

（2）通过点来调整成Bezier曲线，再通过修改面板里的挤出命令变成三维物体，挤出数量为80mm；（图4-52）

（3）调整椅背和椅腿形状；（图4-53）

（4）绘制最上面的椅背，切角长方体；（图4-54）

（5）设置切角长方体的参数，然后使用弯曲命令；（图4-55）

（6）使用修改器列表里的FFD3×3×3命令；（图4-56）

（7）调整曲线弧度；（图4-57）

（8）完成基本形；（图4-58）

（9）调整模型颜色，赋材质。（图4-59）

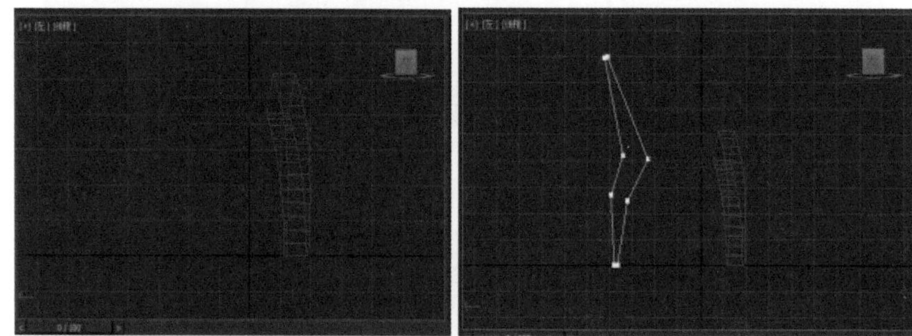

图4-51

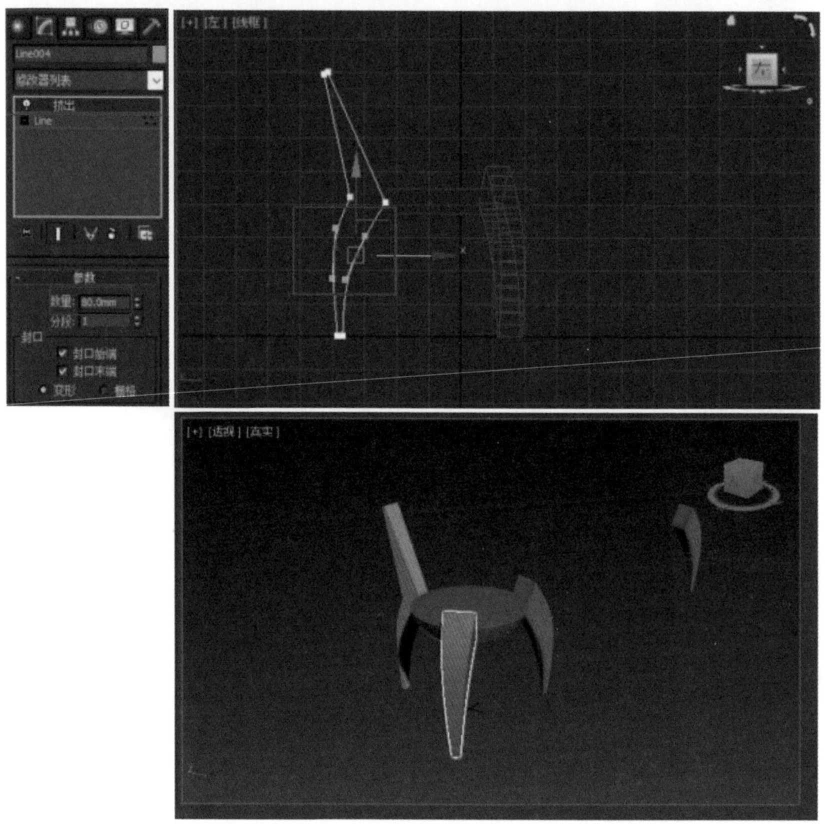

图4-52

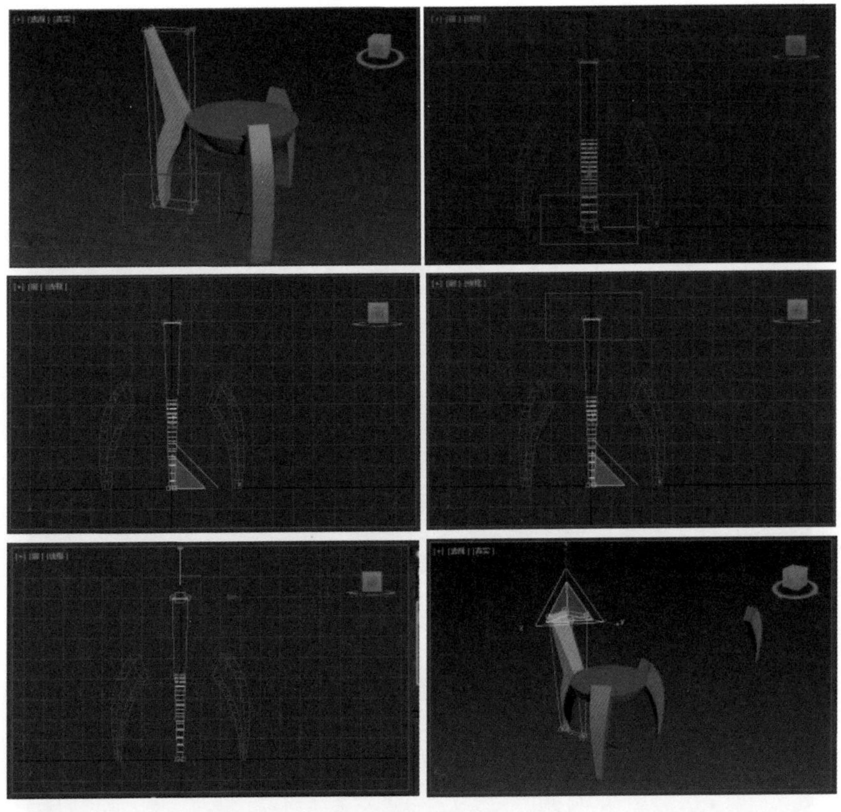

图4-53

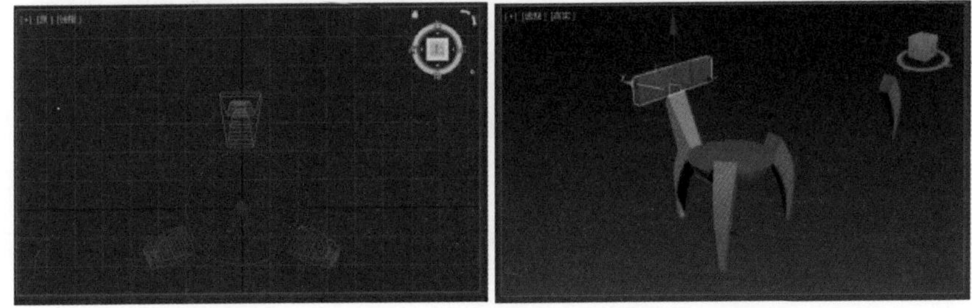

图4-54

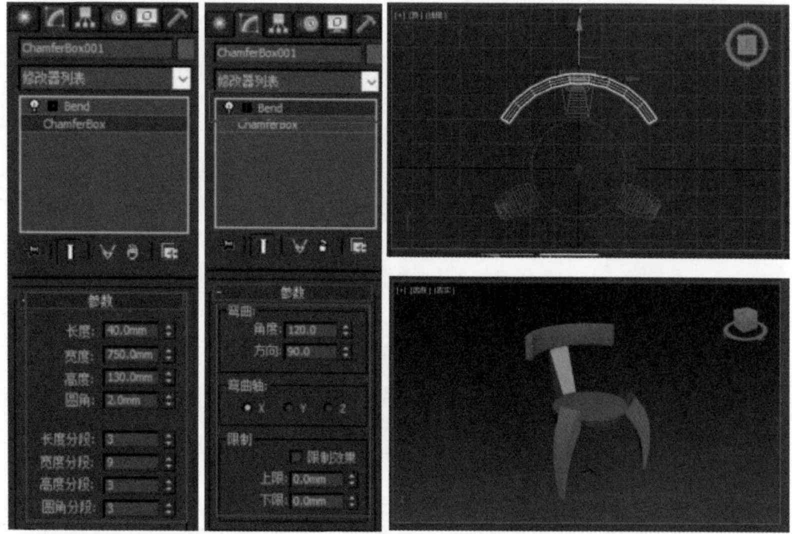
ChamferBox001
修改器列表
Bend
ChamferBox
参数
长度: 40.0mm
宽度: 750.0mm
高度: 130.0mm
圆角: 2.0mm
长度分段: 3
宽度分段: 9
高度分段: 3
圆角分段: 3
弯曲:
角度: 120.0
方向: 90.0
弯曲轴:
X
Y
Z
限制
限制效果
上限: 0.0mm
下限: 0.0mm

图4-55

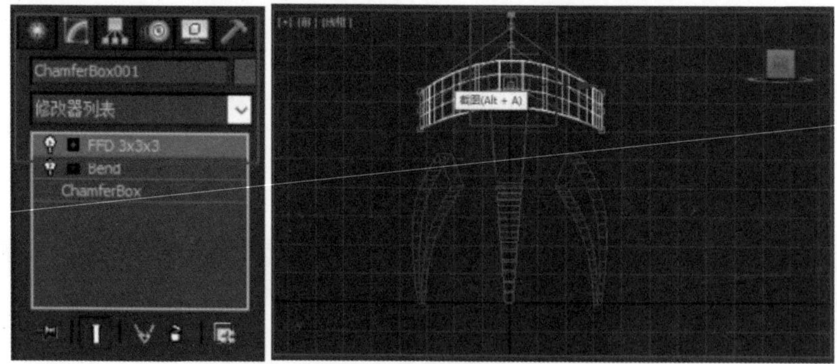
ChamferBox001
修改器列表
FFD 3x3x3
Bend
ChamferBox
截图(Alt + A)

图4-56

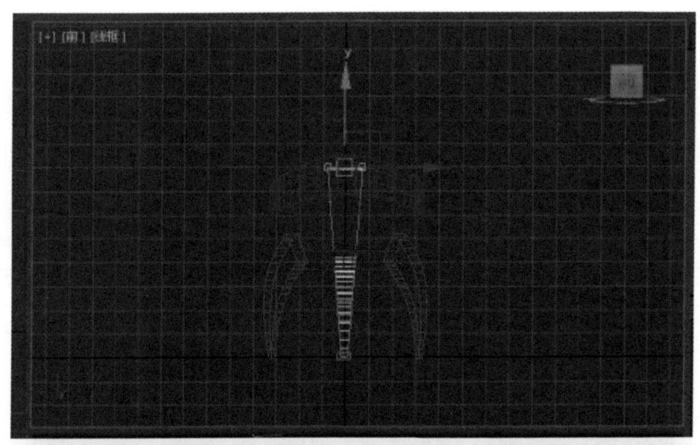

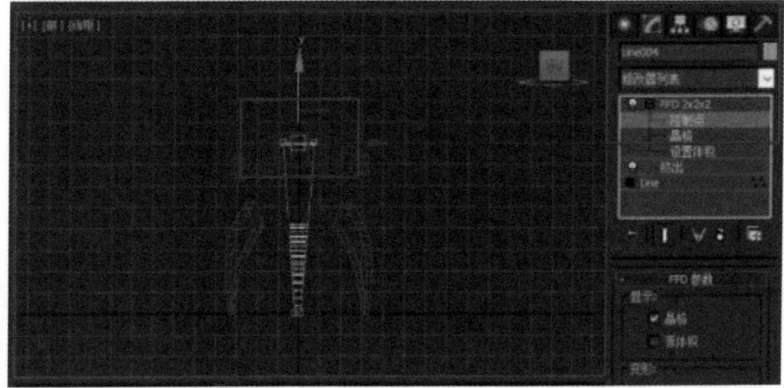

图4-57

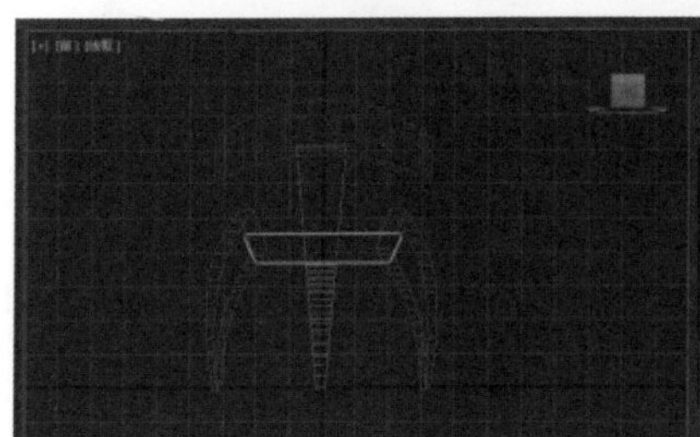

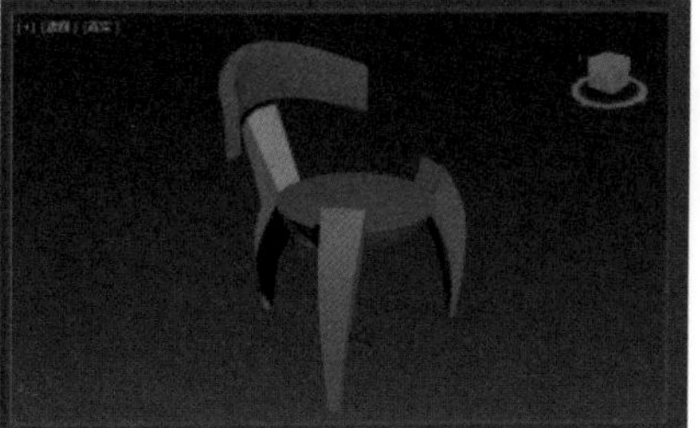

图4-58

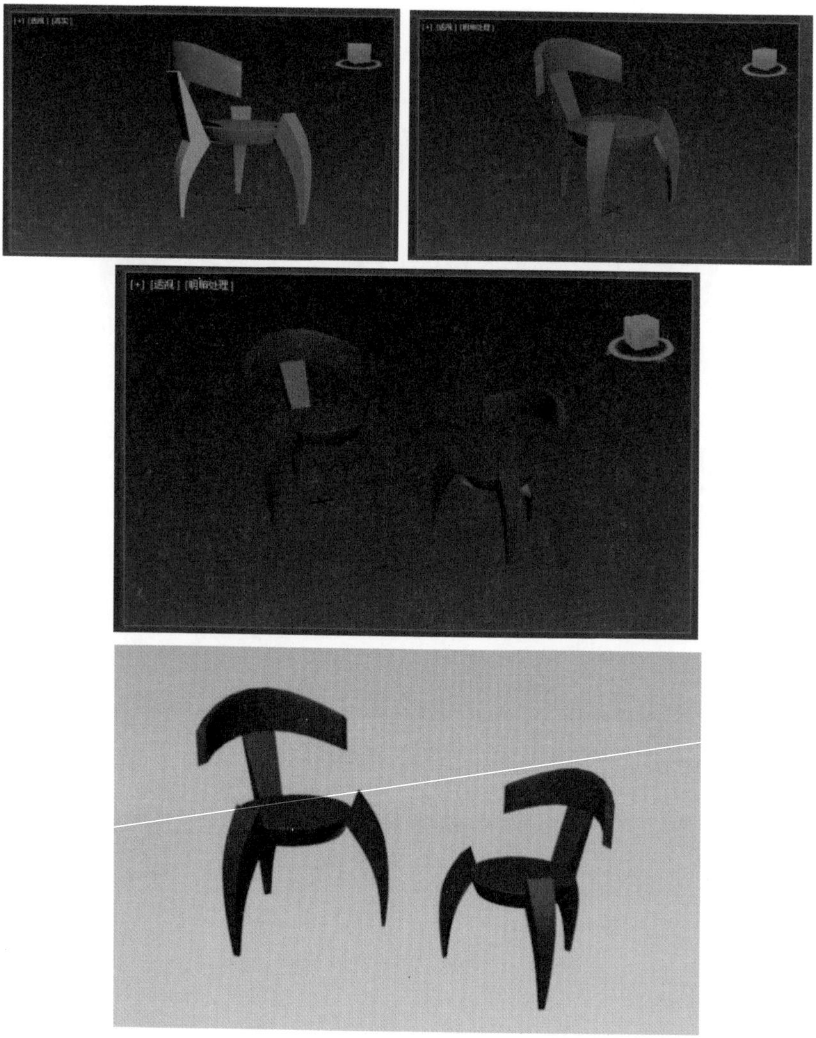

图4-59

第二节 家具设计的程序

在家具新产品开发设计过程中，一件家具从开发到完成，需要按照流程有序完成，这种流程和次序是为了提高设计生产效率。基本的流程如下：

企业提出设计要求—技术任务制定—计划市场调研—设计定位—设计草图—效果图—结构设计—产品放样—产品调整—批量生产—文化包装—产品上市。每一项任务完成之后，都要经过监督部门的认真的审核与评价，为下一步工作打好基础。

家具企业在进行产品开发设计时，都会定下一个通过新产品的开发设计才能够实施的战略目标。为了实现这个战略目标，家具企业会提供设计导向给设计师，因此家具设计师在设计之前，要与企业沟通好明确细致的设计说明和要求。

家具设计师首先要明确任务、提出要求。包括：

1. 确定家具风格；

2. 了解家具市场定位；

3. 了解价格定位，消费人群定位等；

4. 明确材料定位；

5. 了解市场中同类产品的销售信息；

6. 了解企业的生产技术条件制造工艺水平；

7. 对新产品开发周期和质量提出要求；

8. 设计的图纸范围：草图、效果图、CAD尺寸图、装配图、零部件图、大样图、包装图。

一、市场调查分析

家具设计调研最好的课堂就是家具市场。目前，家具销售的中心市场和集散地遍布全国，如长达十多千米的广东顺德乐从国际家具城，汇集了全世界2400多家的家具经销商，家具销售网络辐射到全国20多个省、自治区、直辖市，家具年销售量超过100亿元人民币，被称为永不落幕的家具博览会。家具信息调研需要第一手的资料，就需要进入真实具体的市场环境调研。调研方法也很多样，除了进入家具市场开展各种专项的调查，还可以随机访问家具销售商、家具购买者，搜集家具品牌的广告画册等。主要需要了解的信息有：家具的价格、款式、销量，以及消费者对家具的意见和要求，包括造型、色彩、装饰、包装运输等。

（一）对消费者调研

调研的目的是了解消费者的需求。具体分析调查消费者的现实需求和潜在需求，需求数量，需求阶段、时间等，然后把已知的家具产品按类分析。还需要注意的是每个人都可能是消费的发起者、决策者、影响者、执行者和使用者，仔细分析每个人在购买决策上的不同角色和产品消费者的经济承受能力，有利于在产品设计和销售上采取相应的对策。

（二）对现有家具产品调研

对市场上现有家具产品的风格、材料、使用以及家具体量、耐用性、维护性能等进行详细调研，有利于确定家具产品的市场定位，如在外观造型方面的风格特征、色彩、材质等，以及家具产品的销售价格、制造和维护成本等内容。

（三）对市场细分调研

因为不同的消费者有着不同的需求，我们可以通过市场调研，把不同的

消费者划分为不同的客户群，来满足各种消费者的需求。也就是说将整个市场划分成若干个子市场，通过市场细分对客户需求进行定量分析，找到客户需求在不同的子市场之间的差别，对家具设计师有针对性、有目的地开发设计新产品非常有利。

（四）对消费行为调研

人的需求是有层次的，一般只有当低级的层次需求得到满足时才会出现更高层次的需求。消费者的需求是购买产品的动机，但不是每一种需求都会引发消费者的购买行为，经济的发展和人们生活水平的提高，都会引发消费结构的变化而产生更多的需求。了解人们的购买规律，才能更好地设计开发新的产品来满足消费者的需求，人们的购买行为通常分引起注意—发生兴趣—产生购买欲望—购买决策—实际购买五个阶段，而好的设计会进一步强化消费者的购买行为。

（五）对竞争对手调研

对市场竞争者调研，主要是了解市场中的已有的和潜在的竞争对手产品的优势与劣势，具体调研包括：竞争对手产品的技术渠道、销售渠道、产品价格、推销方式、市场分布等。有竞争才有发展，良性市场竞争可以推动企业的新产品开发，丰富消费者市场。

（六）营销调研

所谓“知己知彼才能百战百胜”，要对自己的新老产品的设计质量、价格、广告营销渠道、售后服务市场占有率等问题了如指掌。调研目的是针对现有产品存在问题形成改进意见。对市场行情调研是了解国际、国内家具市场的商品行情流行趋势，分析市场行情的变化，预测家具市场的走势，研究家具市场行情变化对新产品开发的影响，等等。

在通常情况下，产品开发前期的市场调研往往带有家具设计师个人经验成分，能够解决家具产品开发设计中的阶段性和局部问题，我们作为新时期家具设计师要总揽全局，要明白市场调研是家具设计师在产品开发设计当中提出问题和解决问题的重要方法和技术手段，要利用各种调研方法全面了解市场，才能有更好的设计作品。

二、家具设计定位和创意构思

创意设计构思是一个复杂而漫长的过程，先捕捉灵感、反复推敲，从新视点把奇思妙想表达出来，寻找设计突破口，再在运用创造性思维进行构思的同时，从新功能着眼，从新材料、新工艺切入，使设计中的各个构成元素构成新的设计框架。

我们要以全新的视点审视家具开发设计，先把头脑中现有模式、经验甩掉，在审视设计目标时尽情发挥创意灵感，才能开发设计出全新的家具产品。头脑中先要清楚认识设计相关元素，细化目标，才能开始动手设计和构图，列提纲和框架图。设计定位其实很抽象，是原则性的、方向性的设计方向或目标。

通常来讲，设计思维=逻辑思维+形象思维。模仿、移植、替代是目前最常见的创新设计构思方法，还有定点法、头脑风暴法、5W2H（Why、What、Where、When、Who、How、How much）法、六顶思维帽法等。

（一）创新设计方法——模仿

模仿是指参照某基础原型加以变化产生新事物的方法。模仿与抄袭的区别在于模仿是需要经过思考、分析的，是一种有一定相似度的转化设计过程。在模仿过程中，结合自己的设计构思，并且需要分析模仿的形态背后的成因。（图4-60）

图4-60

1. 直接模仿

直接模仿就是在行业内就是对同一类别产品进行模仿。上面我们强调过，模仿不是抄袭，那我们在设计家具时应该怎样直接模仿呢？首先需要用心体会优秀的家具设计的形态精髓、设计理念，也就是需要在优秀作品上寻找设计灵感，仿其形模其意。

丹麦的家具大师汉斯·J. 瓦格纳（Hans J. Wegner），在一些作品中就运用了模仿的设计手法。瓦格纳的作品大都美观大气，主要设计灵感来自古代传统设计，他汲取其精华发展出新的形式。瓦格纳的每一件作品的细节都很精致，他会亲自将作品制作出来，研究细节，尽量做到每一件作品都能完美。瓦格纳尤其强调一件家具的全方位设计，他说“一件家具永远都不会有背部”，他教别人买家具时说：“你最好先将一件家具翻过来看看，如果底部看起来能让人满意，那么其余部分应该是没有问题的。”他的代表作有中国椅、孔雀椅等。（图4-61、4-62）

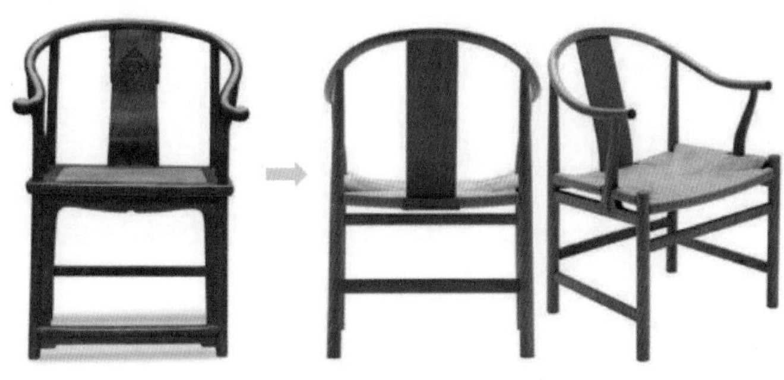

图4-61　明式圈椅—中国椅

图4-62 温莎椅—孔雀椅

2. 间接模仿

间接模仿与直接模仿是相对的，总体来讲就是对不同类型的家具或其他事物的某些原理、形式、特点加以模仿，并通过创意思维进行发挥、完善，设计不同类型、功能的家具。(图4-63)

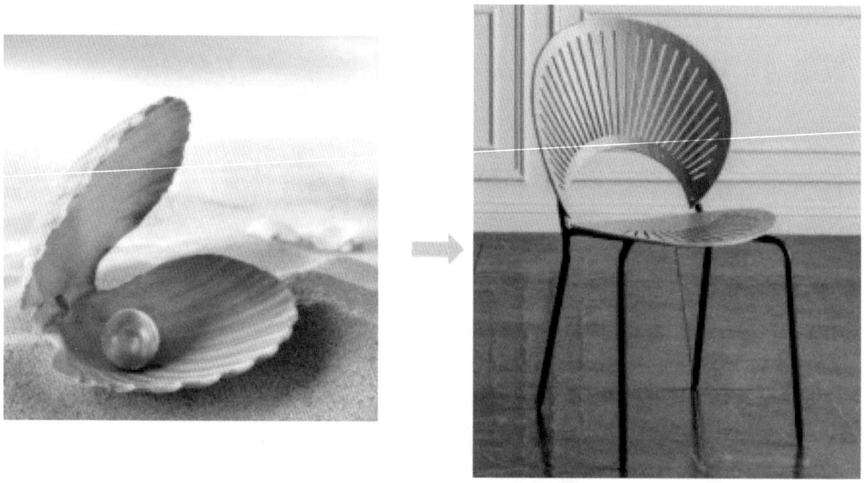

图4-63 贝壳—贝壳椅

（二）创新设计方法——移植

移植一般是把已成熟的成果转移到新的领域中，是指将已成熟的设计原理、方法等移植到新的设计产品中。其原理是为了解决新的问题，把现有成果在新情境下进行延伸、拓展和再创造。在家具设计中移植分为以下三种。

1. 横向移植

横向移植最好理解，即在同一层次或者类别的产品的不同形态与功能之间进行移植。（图4-64）

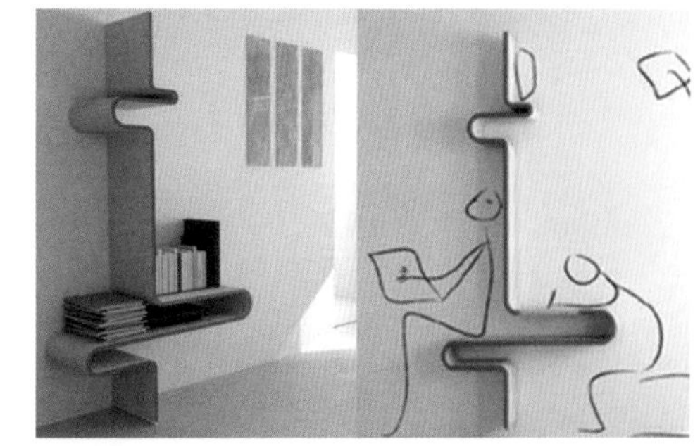

图4-64

2. 纵向移植

纵向移植是在不同层次类别的产品之间找到特点进行移植。因此移植的设计点更加的隐蔽，设计师要找出不同层次类别的产品之间可以共通的原理，就需要对生活有非常细致的观察和更深层次的理解。（图4-65）

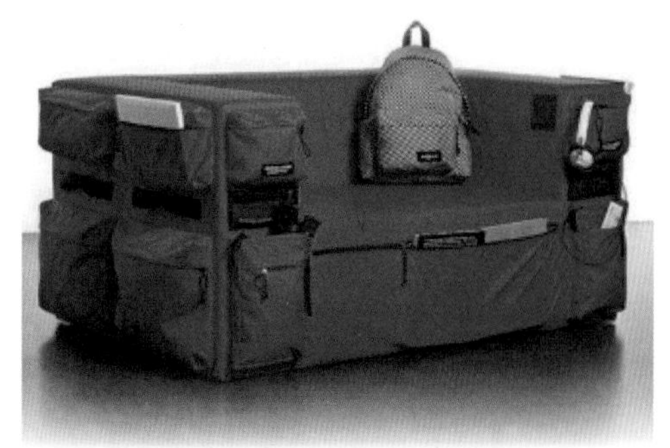

图4-65

3. 综合移植

综合移植是把多种层次和类别的产品概念、原理以及方法综合引入同一研究领域和产品中。（图4-66）

图4-66

（三）创新设计方法——替代

替代在家具产品开发设计中是用某个事物替代另一个事物的方法。在替代构思中，为了更好地认清事物的本质，要运用逻辑思维的分类与比较的方法，综合地考察分析所要替代和被替代对象的各个部分，比较其共同性和差异性，才能抓住其内在联系。

1.材料替代

新材料是指具有传统材料所不具备的外观形式、优异性能或者特殊功能的新出现或已在发展中的材料。从设计角度上说，材料替代设计构思方法的核心取决于材料的改变和进步。（图4-67）

2.方式替代

我们常说“旧的不去新的不来”，方式替代就是这种设计方式，用新功能或使用方式替代旧的，以实现新功能或新目的。（图4-68）

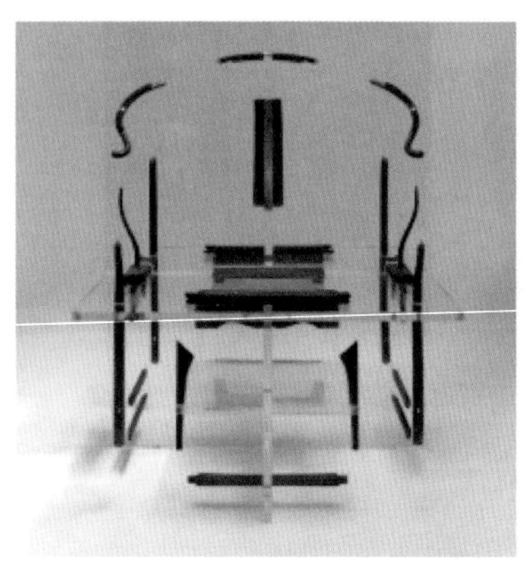

图4-67

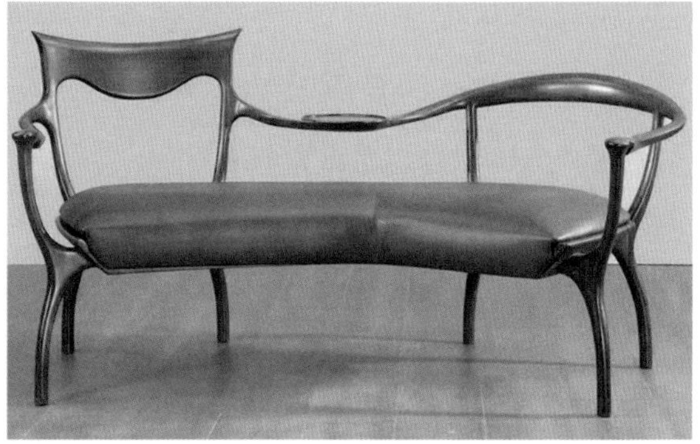

图4-68

三、设计深化

家具设计构思过程是一个思维跳跃和流动的动态过程，呈现出反复的螺旋上升的状态，过程中会不断在新的节点上产生新的想法，本质上就是一个不断追求设计最佳点的过程。设计深化直至设计方案确定都是离不开设计委托方的，要不断地与甲方进行探讨、磋商、磨合、论证。

家具产品开发与设计的目的、手段和思维方法的更新和完善，离不开社会生活信息化、产业结构工业化的革新和设计思想观念的进步。家具产品开发设计时单个人的作用变得越来越小，演变成了系统化的群体协作的设计过程。设计深化与细节研究过程繁复，从最初的概念草图设计开始，逐步深入整合与完善家具的形态、结构、色彩、材料等相关因素，完善家具造型设计，并从材质、肌理、色彩多方面进行装饰设计，并用完整的三视图和立体透视的形式绘制出来，最后推敲与研究结构细节，进行结构设计、零部件设计。

设计师进行深化设计：

1. 绘制各部分结构分解图；

2. 分析人类工程学尺度；

3. 绘制关键部位的节点构造图；

4. 分析肌理、材质、色彩的搭配效果；

5. 确认具体尺寸；

6. 绘制系列家具组合。

在家具深化设计与细节研究的设计阶段，首先要再次考察家具材料、家具配件、五金件，再次确认一线生产部门的生产工艺能否达到设计要求，再次与设计委托单位确认设计细节，才能最终深化完善家具设计。

四、设计实施阶段

在整个设计过程中，家具效果图和模型制作确定后，便转入了制造工艺环节。从程序上看，家具产品设计开发的最后就是家具制造工艺图。家具工艺图必须按照国家制图标准绘制，它是新产品投入批量生产的基本工程技术文件和重要依据。它包括总装图、部件图、零件图、大样图、装配图等等。

1.总装图

总装图也称家具结构装配图，主要功能是按照一定的组合方式装配一件家具的所有零部件。结构装配图主要描述家具的内外详细结构，包括零部件的形状，以及它们之间的连接方法。内容主要有：视图、尺寸、局部详图、零部件明细表、技术条件等。(图4-69)

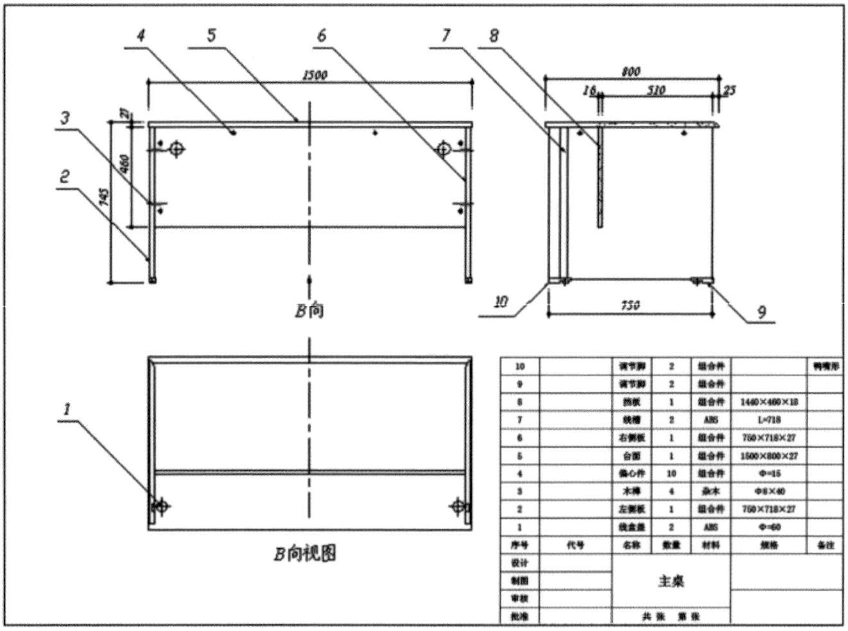

序号	代号	名称	数量	材料	规格	备注
10		调节脚	2	组合件		鸭嘴形
9		调节脚	2	组合件		
8		挡板	1	组合件	1440×460×18	
7		线槽	2	ABS	L=718	
6		右侧板	1	组合件	750×718×27	
5		台面	1	组合件	1500×800×27	
4		偏心件	10	组合件	Φ=15	
3		木榫	4	杂木	Φ8×40	
2		左侧板	1	组合件	750×718×27	
1		线盒盖	2	ABS	Φ=60	

图4-69 总装图

2. 部件图

部件图是介于总装图和零件图之间的工艺图纸，主要指家具各个部件的制造装配图。家具部件图是为了加工家具部件使用的工程图样，主要是为了部件的工艺加工，便于按部件组织生产。家具部件图的画法与结构装配图一样，为表示部件内外结构，可以采用基本视图、剖视图、局部详图等表达方法。部件图也应有图框、标题栏等内容。（图4-70）

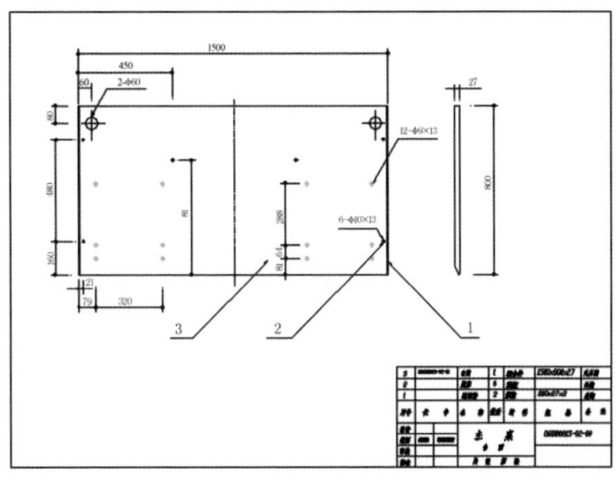

图4-70　部件图

3. 零件图

零件图是家具零件制作所需的工艺图纸，图纸的主要功能是描述家具零件的详细形状及零件的全部加工结构，主要目的是方便零件的工艺加工。作为最基本的家具施工图样，家具零件图必须符合“完整、清晰、简便、合理、正确、规范”的原则。（图4-71）

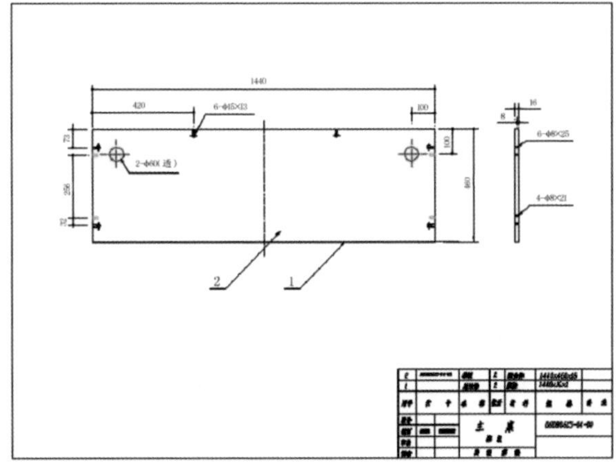

图4-71　零件图

4. 大样图

在家具设计制造中，有些结构复杂、特殊的造型和结构的零部件因为其在普通图纸上表现得不够清晰，为了方便制作者看得更清楚就会另外绘制1∶2或1∶5的分解单样尺寸图，这些图被称为大样图，其实就是特殊形式的零件图。家具大样图描述的零件图的形状和工艺特点更加详细。（图4-72）

5. 装配图

装配图是一种指导示意图，图纸要清晰指明如何将一件家具的所有零部件装配在一起。其中包含家具的零部件装配，同时也便于使用者检查是否缺少部件。（图4-73）

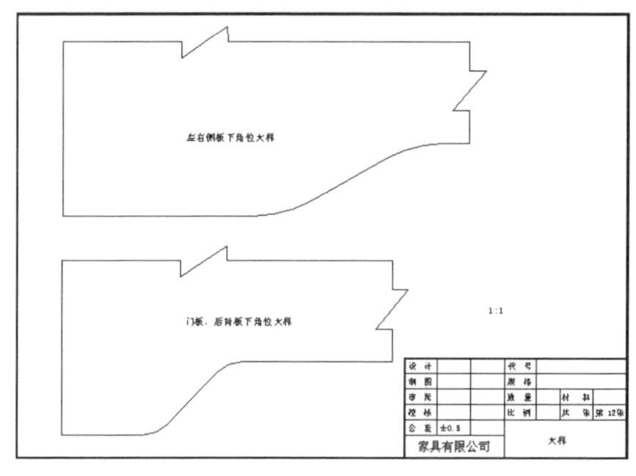

图4-72 大样图

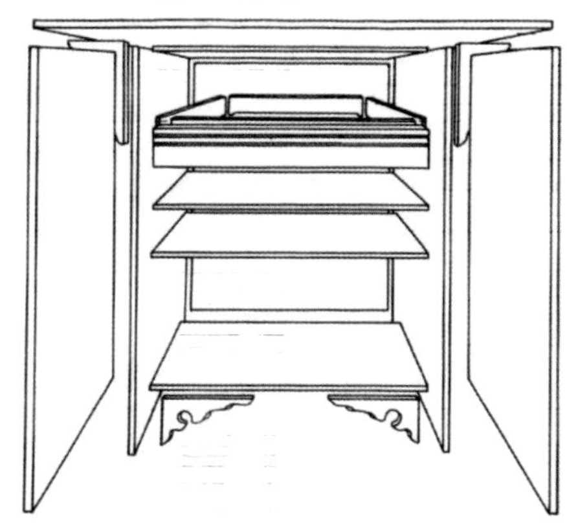

图4-73 装配图

整个家具设计制造文件中工艺图纸的重要程度不言而喻，尤其需要熟悉具体的生产工艺、产品结构。由于家具的分工越来越细、越来越规范，标准部件化设计制作成为常态。目前市场通用的标准化部件带来了很多的便利，如开发成本再次降低，更便于批量生产增加效率等。在家具工艺图纸的管理上要严格，归档留存的底图的图号、图纸编码要清晰，复制时便于检索。

下一步转入实物制造环节，按照图纸给家具实物产品打样，只有真正实现从设计创意到实物产品的整体突破，包括申请国家设计专利、企业进行批量生产，并且在国内外进行市场推广，才能达到家具设计作品成为商品的目的。汉斯·J. 瓦格纳作为家具设计大师，每次的作品都会制作家具模型小样来观摩设计的比例、外观。（图4-74）

图4-74　汉斯·J. 瓦格纳制作家具小样

第三节　家具创意设计案例分析

从现今社会的价值溢出来看家具设计领域，往往有创意的新作品投入市场后就会被争相模仿，并在此基础上产生更多的设计发展分支，甚至形成一种潮流，因此家具设计领域溢出效应的表现非常突出。在这种思潮的引领下，家具创新设计能力成为企业的核心竞争力。家具设计大师们的设计经典更是被争相模仿，而大师们的经典设计从何而来呢?

一、丹麦设计之父——芬·居尔（Finn Juhl）的经典之作

丹麦设计之父是仅凭一把单椅的扶手就登上杂志封面的家具设计大师、建筑师、雕塑家——芬·居尔。他是一位把手工艺与现代艺术完美巧妙结合的

艺术大师，设计的椅子作品被誉为优雅的抽象雕塑艺术创造。他提倡有机形态的设计，受到原始艺术和抽象有机的现代雕塑艺术的强烈影响，开启了丹麦设计学派中向有机形式靠拢的新设计理念，生平的大部分作品都被收藏并展览于哥本哈根的博物馆中。

图4-75 酋长椅

“酋长椅”是芬·居尔的重要代表作。它的造型很独特，椅框分离出椅座和靠背，扶手是马鞍状的、椅背的造型是盾牌，用大师自己话说：“这把椅子的工匠创意和技法如同艺术雕塑，它不只是一件空间中的工业产品，其姿态更自成一格地完整了空间。”“酋长椅”至今都是丹麦最创意的设计之一。（图4-75）

二、来自童话之乡的设计大师汉斯·J. 瓦格纳的经典作品

前面我们提到一位丹麦的家具设计大师——汉斯·J. 瓦格纳。他的作品中国椅和孔雀椅可谓是家具设计经典中的经典。他和童话大家安徒生是老乡，从小就接受木工训练，很快成为一位出色的木匠。因为瓦格纳本身对木艺的高超掌控力，所以对别人来说需要加强学习的部分成为他最大的优势，如家具的材料、质感、结构和工艺等。他非常重视手工，这个习惯来自他父亲娴熟的手工技艺。他是一位非常多产的设计师，一生设计了1000多件家具，其中椅子占据了一半，很多家具成为世界知名设计博物馆的藏品。他的创造力首屈一指，得到全球公认。瓦格纳被誉为“当代座椅艺术大师”，他的椅子设计保留了北欧特有的味道，结构细节完美，符合人类工程学的科学

设计，造型亲切舒适简朴，线条的流畅与明代式家具异曲同工，历史韵味十足。

（一）总统椅

汉斯·J. 瓦格纳设计的“The Chair”被美国的室内设计杂志誉为“世界上最美的椅子”。当年肯尼迪和尼克松竞选辩论时坐的就是这款椅子，在电视上出现后让人眼前一亮。它造型优美洗练，工艺精湛，线条流畅，瞬间获得赞誉无数，从此这把椅子就叫作“The Chair”。时隔50年，奥巴马做美国总统的时候也坐过这把椅子，因此人们也称它为“总统椅”。“The Chair”从命名上就可以看出这款椅子的特殊，可以看到人们到底有多喜爱这把椅子。

“The Chair”一共有11个组件、14个榫接，组成非常牢固的椅结构。它的靠背经历过一次转型。最初使用平直的榫接方式，再用藤缠绕以隐藏榫接其余部分，后来运用的是“Z”字形的榫接方式，这样既坚固又增加了胶合面，大大增强了它的坚固度、美观性。汉斯·J. 瓦格纳本人常说要检验一把椅子需要50年，这把总统椅恰恰验证了他的说法。(图4-76)

图4-76 The Chair

（二）圆圈椅

汉斯·J. 瓦格纳设计了“圆圈椅”，其形态与他以往的设计来说更加独特，制作难度也相对较高。圆圈椅用木板、木条结构和12根麻绳拉成，每根麻绳粗3.2mm，麻绳的粗细和长度都要很精准才能成功拉紧木条，构成椅子。这把椅子的创作历时很久，它最初的雏形从1965年就开始设计了，那个时候椅圈和椅腿都是钢管材料，并未投入生产，到1986年换成层积木制作，最后和一位工艺大师合作才真正投入生产销售。经历20年的打磨，一件优秀的家具设计作品才问世，经典作品的艺术价值可见一斑。（图4-77）

图4-77 圆圈椅

（三）The Y-Chair

“The Y-Chair”1949年问世，其经典程度不言而喻，它与“The Chair”一样经典，一样成功，一样具有传奇色彩。汉斯·J. 瓦格纳最初给它的命名是“The Wishbone Chair”（骨叉椅），在这把椅子风靡全球后，因其靠背的形状似字母“Y”，随后被大多数人称为Y型椅。几乎所有的高档酒店餐厅都有Y型椅的身影，这款椅子被多家艺术博物馆收藏。

Y型椅风靡全球的原因有二：一是它非常轻巧舒适，二是其价格相对比汉斯·J. 瓦格纳其他款的椅子要便宜得多。Y型椅的灵感显而易见地可以看出是来自中国明式家具，造型完美地融合了东西方的设计元素，使该作品更加符合人类工程学的要求，形态更加优美轻盈，坐垫的材料是触感舒适的天然纸纤，人机结合更加凸显了意象美。因此Y型椅莫名的亲切感让“爱慕者”遍布全球，也对设计界影响巨大。（图4-78）

图4-78　The Y-Chair

三、中西合璧的中国设计师陈大瑞

大多数中国设计师的心中对中国元素是有情结的，陈大瑞也不例外，作为中国人常年浸润在本土中国文化里，在设计时自然而然会运用中国元素，但是要用得好就很难。随着现代文化的多元化，人的生活方式的变化很大，因此在家具设计中，对中国元素要增加应有的提炼和加工，变成现代家具的细节。融合是一种方式，不仅仅体现在家具设计方式、方法的融合，也包括东方和西方地域上、过去和未来空间上的融合。他一直强调，设计是没有国界的，美是全人类的共识，中国地大物博，文化包容性强，中国设计本应多元化。好的设计不仅美观，更要实用。一个设计是使用者和家具的一场对话、一种交流，好的设计总能解决日常生活中的问题。2009年陈大瑞的女儿出生后，他的设计里就没有了锐角，他害怕所有家具的尖角都会变为利器。“家具既然是一家人使用的，它就该照顾家中的每位成员。”陈大瑞说。

于是陈大瑞形成了独特的设计风格，他的作品有“寒江雪”“月牙椅”“万花筒”“中国鼎”“小圈椅”等，他说要做人民的设计师。（图4-79、图4-80）

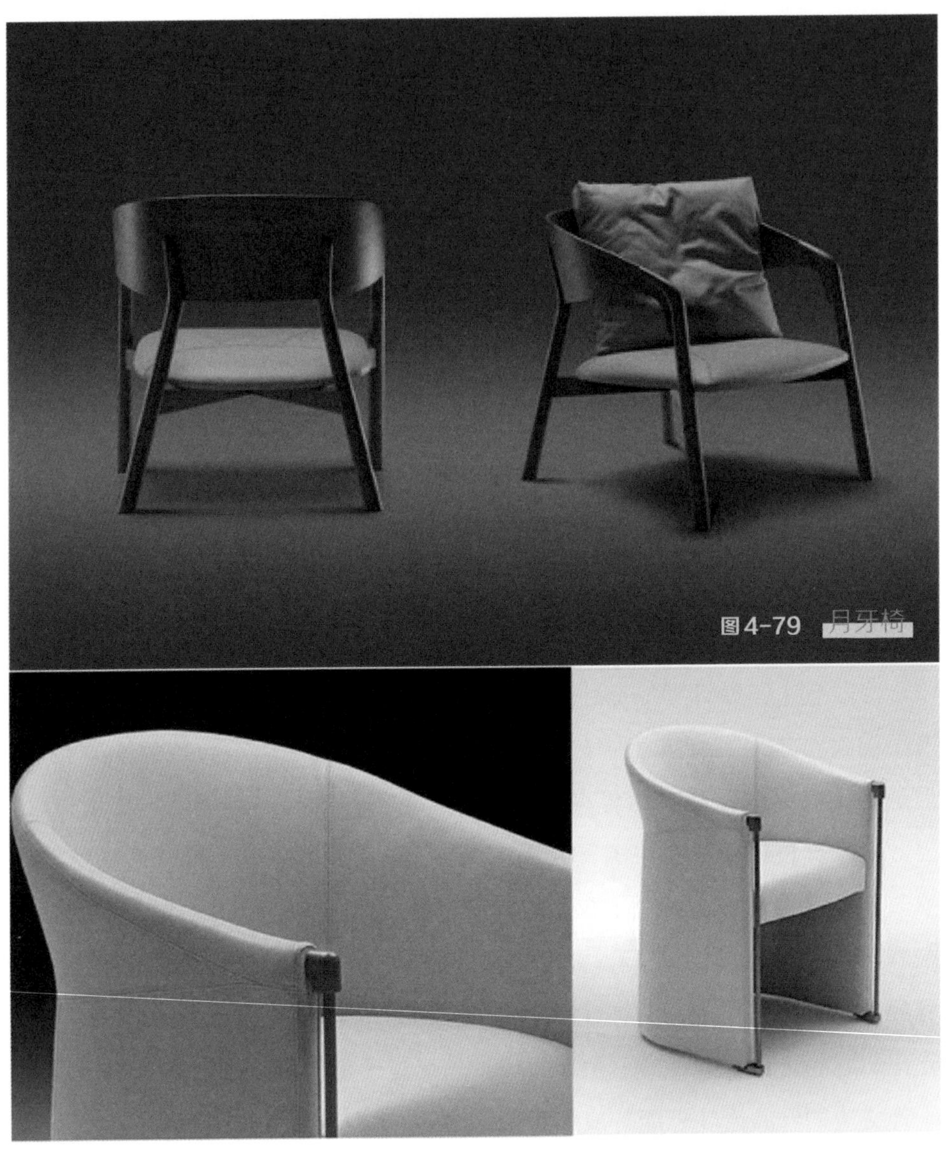

图4-79 月牙椅

图4-80 小圈椅

第五章

家具设计创新能力的拓展

家具设计是融创意造型艺术与科学技术为一体的艺术前沿学科，具备包罗万象的设计内容和多种独特的表现形式，须具备超前的设计构思和非比寻常的创新艺术题材。作为一名家具设计师，具有专业性的观察力和审美能力等基本素养，是进行家具设计的基础。须重视敏锐素质的培养，围绕兴趣、好奇心、观察力、审美能力多方面进行培养。

第一节　家具设计师敏锐素质的培养

一、好奇心

好奇心是人或动物进化生存的必备条件，是在人或动物出于对某事物全部或部分属性了解空白时，本能地想添加此事物该部分属性的潜在心理。喜好新奇性信息是人类自古就具备的特点。好奇心对于创造、创新、发明等行为有很重要的催化作用，这已经被现代社会人们所熟知。人们的创造力、创造性思维、创造技法、创造者的个性品质等创造行为都是由于强烈的好奇心，可以说几乎所有高创造力者的原始创造动力都是好奇心，好奇心也是其重要的个性品质特征。

（一）好奇心是个体学习的内在动机

人类行为的动机即引发人从事某种行为的力量和念头，主动性特征是人类发展的不竭动力。动机按照基本特性分为内在、外在动机两种。由外在因素激发的行为倾向称为外在动机，比如通过给予表扬、奖品、奖金、荣誉等，依然可能影响那些成功欲望不高、高度害怕失败的人投身于不喜欢的事情之中。内在动机则是不依赖外在回报自主努力达成目标的行为。很多学者认为，人们对未知的领域有强烈的了解欲望时，就产生了好奇心，在学习领域依然如此，因此好奇心是促进个体学习的内在动机之一。

（二）好奇心是个体寻求知识的动力

学习是知情交融的过程，也是获得知识的途径之一，学习的途径有阅读、听讲、思考、研究、实践等。好奇心是寻求知识的源动力这种看法，无论是从

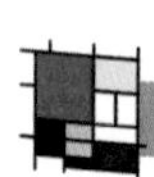

我国古代教育思想还是西方教育思想中都能够发现，如我国教育家孔子把好学、乐学作为学习活动的理想境界，法国教育家卢梭指出“好奇心只要有很好的引导，就能成为孩子寻求知识的动力”。

（三）好奇心是创造创新型人才的重要特征

创造创新型人才最重要的特性就是保持对感兴趣事物的好奇心，该观点被现代学者广泛认可。伟大发明家爱因斯坦坦承自己取得那些伟大发明都是来源于他的狂热的好奇心。学者们研究发现，创造性思维的养成应从娃娃抓起，人类婴儿期的探究反射就是人与生俱来的好奇心。研究发现，婴儿对待新事物，往往通过触摸、品尝等感官体验，而处在幼儿期的儿童则愈加明显，会通过感官、语言、形象描述等丰富手段来表达自己的好奇心，好奇心得到鼓励和加强，往往会升华成情感和认知的完美结合。美国学者希克森特米哈伊在谈到创造性人才的因素——好奇心的重要性时也提出，“通往创造性的第一步就是好奇心和兴趣的培养”。

（四）好奇心是兴趣最好的引导

强烈的好奇心让人涉猎广泛，从中找到自己的专业兴趣。兴趣会使人产生对事物积极主动探索的内驱力。产生对感兴趣事物的密切关注，反复琢磨和刻苦努力的行动，是成就事业的起点。因此，好奇心和兴趣在创造性活动与成才过程中起着至关重要的作用。

1. 兴趣是一切成功的开始

兴趣是创造性活动的推动力，也是创造性活动的起点，因此心理学认为提升兴趣是主动学习的关键要素，许多成功都是从兴趣开始的。培养好奇心，强化文化引导，在专业领域不断深入，最终才能通往成功的终点。

2. 广泛的兴趣获得专业素养的提升

家具设计是融合时尚和文化的设计，单纯通过课程和书本知识，不能了解完善家具文化，增加丰富的业余文化生活才能满足家具文化知识结构的积累。这就需要我们先了解文化生活的多样性，涉及政治、文学、历史、艺术等不同的领域。只有在这些文化的基础上我们才能对同一件作品从心理到感官引起感情上的共鸣，对作品本身的艺术价值有所领略，而理性思维也是来源于深厚的文化底蕴，能帮助我们理解作品的深刻内涵，获得完美的艺术享受。信息化的发展使我们从校园的学习到社会的切身体会，或是通过迅捷的网络等途径，获取了丰富的业余文化。各领域、各方面知识的学习都能丰富业余文化生活，这不仅可以让我们了解和探索艺术的丰富表现力，还可以培养兴趣和挖掘好奇心，强化专业素养。

3. 积极主动与外界沟通获得兴趣

社会团体活动是人类思想交流和学习能力提升的最好媒介，每个人都是社会的，只有多参与集体活动和社交，多为自己的进步发展提供良好的氛围，才能不断增加兴趣的参考依据和不断强化专业的提升空间，使自我能力得到肯定。最好的方式是参加专业论坛和专业比赛。

二、观察力

敏锐的观察力是家具设计师必备的素质和基本能力。设计师通过观察力认识事物和获取知识。在创新设计的过程中，培养观察力是能力培养的重要环节，必须能动地运用观察能力，观察积累，获取丰富的感知素材，并对这些素材进行分析和整理，进一步加深对事物的理解，通过理性分析转化为专业认识，为完成设计创新奠定基础。

家具设计师可以通过如下几点建议增加观察力：

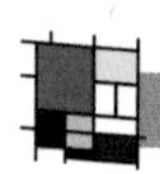

（一）运用疑问促进观察的方式

从自然界、宏观世界、微观世界、人文历史等不同的角度、维度进行观察和思维联想，最后运用观察和联想结果回答设计主题的疑问。观察是一种有目的、有意识的思维活动。观察前需要确定观察内容和目的的设问、质疑，观察中需要对取向进行核心投入，观察后需要对结果合理取舍，结论阶段则通过思维融合形成广泛认可的结论。

（二）培养广泛及时的观察习惯

读万卷书，行万里路，理论和实践结合才有最佳学习效果，然而人的精力有限，不可能遍访每个景点。随着信息时代的到来，短视频、网络杂志等的出现，信息获取相对容易，我们可以借助新媒体模式，足不出户观察虚拟展览，参与相关专业展览、展示活动来完善自己的见识，达到观察的目的。往往普通人所不注意的事物被家具设计师以专业的需要去留心和关注，带着问题随时进行深入观察，从而发现与家具有关的因素，为自己的创作所用。同时要注意强化观察兴趣，观察力的形成主要来源于浓厚的兴趣，扩大观察范围、强化观察兴趣是提高观察效率的有效途径。

三、审美力

审美力是艺术工作者包括设计师们与生俱来的能力。个人的感受能力、想象能力、鉴赏能力、理解能力从审美角度来看都是家具设计师应具备的能力，但个人的审美能力参差不齐，主要受个人心理因素主观因素影响，同时受一些外在因素影响，比如时代、国别、阅历、社会地位、环境等影响，审美能力的获得和全面发展，则需要通过系统的审美教育、审美实践进行有意识地培养锻炼。培养审美能力和对美的事物的爱好兴趣是时代对家具设计师的现实要求。

（一）用美的氛围来培养审美感受力和鉴赏力

审美活动的发起点都起源于审美感受力，对美的事物的鉴别、鉴赏的能力，则被称之为审美鉴赏力。审美鉴赏力的培养需要置身美的氛围中，通过感官去发现美和感受美，达到增强感知和鉴赏审美的能力，日积月累的提升后，形象美由间接显现晋升为直接显现。

（二）善于利用时代的流行语言，提升审美想象力和理解力

流行语言具备地域性和时代性，个人的生存环境中都有一个独特的流行空间，具备运用流行、预测流行的能力，是提升和培养审美想象和理解力的核心。第一，可利用采风教学形式等方式来获取不同地域的流行元素，探究该流行发生的背景和要素，接下来依据流行的规律，在原目标的基础上进行拓展和重组，创造出新的目标。第二，以流行趋势作为主题，发挥创造力、想象力和创新激情，产生创造美、激发美的精神力量，潜移默化地提升自己。

（三）根据生理、心理特点，从个性因素出发，培养审美能力

不同的人对美的感受是不同的，个体的审美力最初受先天个性、环境因素的影响较大，然而，随着后天审美教育的不断强化和提升，审美能力自然而然会发生改变，因此设计师们在工作和生活实践中需要不断地发现美、接触美、品味美，要具备鉴赏作品中所包含的艺术境界和内涵的美学原理，从而提升设计师的审美力境界并将其广泛应用于设计作品中，让设计师的审美力在潜移默化中得到升华。

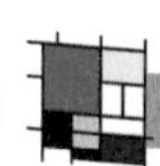

第二节　家具设计师创新能力的培养

从家具设计发展来看，家具产品的技术含量和科技水准越来越高。随着时代的发展，逐步提高创新的设计元素，是家具产业参与时尚竞争的手段，也是增强家具品牌市场竞争力的关键。因此，家具设计师具有较强的基本素质的同时，还应具备主动设计能力、创新思维和创新精神，这样才能有创新型的时尚家具成果出现。

一、创新思维

创新精神，就是人类创造和满足需求的原动力。创新精神的培养是培养人主动思考的习惯，注重创新意识的训练是培养的主渠道，最重要的培养途径和方法是创新实践活动，而培养的重要条件是氛围和谐的环境。培养设计师的创造个性同时注重艺术气质，用创新眼光去注意事物的艺术现象，有意识地激发对事物的好奇心、对问题的敏锐感、强烈的探究愿望和挑战未来的勇气，逐步形成勇于创新的气质和习惯。

设计师的设计思维方式受创新思维很大程度影响。设计思维是完成作品时最初的构思方式，详指在作品的研发设计过程中站立在抽象思维和形象思维基础之上的多种多样的思维形式，比如立意源头、内心的想法、创作的灵感、作品的创意点，甚至重大的技术决策、作品的指导思想和作品表达的价值观念等。简单来说就是设计思维的形成必须经过有意识地培养和训练。设计思维的核心是创造性思维，这是一种打破常规、开拓创新的思维形式，以独创性、新颖性的崭新观念或形式形成的设计构思。

家具设计常用的设计思维方式：

（一）意象思维

意象思维是创新思维方式中常规的具有明确意图趋向的思维方式，即从已知条件和因素出发，运用多种方案和途径完成设计意图的思维方式。家具设计师运用意象思维进行设计过程：首先确定设计目的，然后根据设计流程得到多个方案，最后看哪个方案最能解决问题。这种思维方式的目的明确，逻辑性和推理性也很强。如蒙德里安的《红、黄、蓝的构成》是很多领域设计师的灵感来源，而且各个领域设计师们根据此灵感设计的作品，都惊艳了众人，其中最知名的是荷兰建筑大师里特维尔德设计的红蓝椅。这种思维方式的消极性就是不能突破框架去变化，创新思维容易固化，产生定式思维。要善于突破思维定式，警觉思维定式的消极影响，消极的思维定式是束缚创造性思维的枷锁。（图5-1—5-6）

图5-1 红、黄、蓝的构成

图5-2 家具领域的运用

图5-3 平面设计领域的运用

图5-4 服装设计领域的运用

图5-5 室内设计领域的运用

图5-6 建筑设计领域的运用

（二）发散思维

发散思维在家具设计的应用中比较常见。发散思维表现为思维的跳跃性，指大脑在思维时呈现一种扩散状态的思维模式，呈现出多维发散状。我们把想象认为是人脑创新活动的源泉，联想是源泉会合，而发散思维就是源泉的流淌的通道。在完成家具设计作品时运用发散思维，贯穿所有的设计理念，借助横向类比触类旁通，实施思路沿着不同的方向扩散，然后将不同方向的思路记录下来，进行系统调整，把这些发散多向的思维快速适应消化而形成新的设计理念。发散思维主要就是为设计提供尽可能多的方案，然后收敛思维确定最终设计方案。我们依然以《红、黄、蓝的构成》为设计灵感，通过发散思维，我们又得到了什么惊喜呢？这些设计并不能第一眼就联想到是来源于《红、黄、蓝的构成》，但是当你仔细看时却发现都有其精髓。（图5-7、图5-8、图5-9）

图5-7 平面设计领域的运用

图5-8　家具设计领域的运用

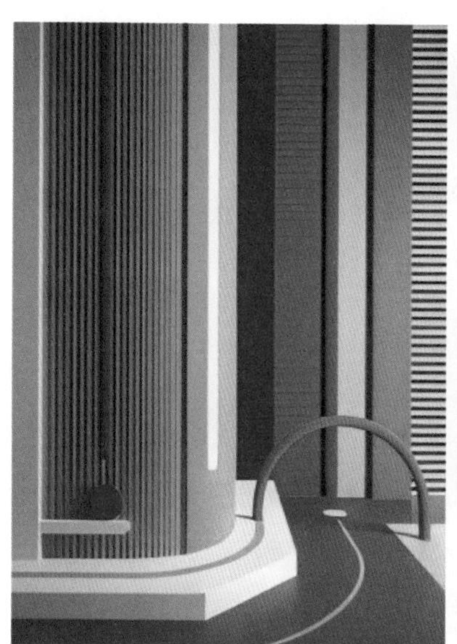

图5-9　室内设计领域的运用

（三）逆向思维

逆向思维是指打开设计思路时，打破原有的设计理念，通过反常的思维方式，利用反向特征展开设计。在设计师原有思路无法解决的时候，主动改变思考角度，从反向或者侧向进行推理设计，最后形成非常别致的设计效果。家具设计是一种创造创新的活动，为了达到创新的目的，可以抛弃曾经的设计方法和思路，以及现实的各种设计障碍，即可突破观念，达到设计的独创性，从设计和材料到制作都可以运用逆向思维。（图5-10）

图5-10　逆向思维

二、创新思维的培养和提升方法

（一）在初期，可以走模仿的路线，然后在此基础上循序渐进地改善。初期更多参考借鉴现有的家具，稍加改变，完成自己的设计，经过不断地模仿和经验的积累，自然会发现原设计的不足，擦出创新思维的火花，再升华为多种创新思维方式的训练。

（二）家具是艺术和技术协同的产物，仅仅停留在常规思维是远不够的，需要天马行空的超常规思维，并让常规思维和非常规思维进行激烈的碰撞，

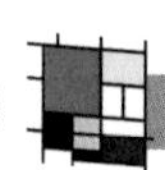

提取精华，去除糟粕，在此基础上进行思维方式的创新运用、综合运用，将会产生前所未有的独特创意思维效果。

（三）要进行思维成果实物化的训练来达到创新思维训练的目的。思维成果实物化是检验创新思维的标准，是更完善地完成创新思维设计的基础。

（四）加强团队合作精神的培养，设计师的特质由生活经历、设计经验、设计环境、文化取向、价值观念等因素组成，并存在不同程度的差异，一件创新思维作品需要团队合作的力量来完成。团队综合能力是展开思维想象的汇总，每个人都在团队中付出努力的同时也获得营养，也不断得到知识的补充和创新能力的提升。团队合作精神是完成创新思维的重要一步，任何设计思维结果都是功能与美观的结合，同样是设计思维方法方式不同，设计师的表现结果可以大相径庭，设计结果存在着无限多样性，受众的视觉需要决定产品的审美标准，而市场反馈是验证成败的关键。

三、创造能力

创造能力是指运用新思想创造新事物的能力，是一种设计师必须具备的可贵心理品质。家具创意设计中创造能力是一系列连续的、复杂的心理活动与实施活动的呈现，运用设计思想和设计元素创新设计，通过设计形式和工艺技术，以自己独特的设计方式，巧妙组合物化，营造出一种全新的设计感。这种设计感是同类产品不具备的，能够得到市场认可的，并能不断地跟随消费者需求心理而变化更新的。

（一）培养设计灵感捕捉与应用的能力

创新性设计灵感是家具设计师完成设计作品的源头。人类世界、海洋、天空、森林等都可以作为设计创作的原点，设计师需要集百家所长，积极主动地从世间万物细微之处汲取对自己设计有帮助的触发点，做到一触即发，及时并成功地运用在设计作品中。首先要善于收集身边所有的灵感概念，如参观名胜古迹、建筑群、艺术品或者参加设计大赛等，应用设计师敏锐的触感神经，搜集所有可创作元素；接着从设计的概念中整理、归纳、选择能够利用的元素，进行灵感发挥和创造性想象，将其转化为独特的思想和观念。

（二）培养设计师的借鉴能力

设计流畅性、变通性和独创性是家具设计师最重视的。设计师把灵感原点从具象到抽象或从抽象到具象的过程中运用了借鉴的手法，随后把借鉴对象通过参考、吸收、创新的方法应用到作品的创新设计中。世界各国风情的差异，民族文化的不同，来自物质世界和精神世界的题材，如大到民间风俗、建筑雕塑、民族文化、艺术风格，小到植物的一颗种子、一个微量元素等，都可以成为设计师主题设计的借鉴元素。当然，设计师除了具备捕捉借鉴元素的能力外，还应灵活使用借鉴元素，首先学会鉴赏著名大师应用借鉴设计的设计作品，解读大师如何把借鉴元素的内涵巧妙地应用到设计作品中的方法，了解借鉴元素引用的途径。应用借鉴元素时，要对借鉴元素的文化概念进行理解和吸收，结合时尚特点，经过归纳、删减、组合等设计方法，使设计作品变得更新颖流畅，作品会因为变通变得更具有独创性。

（三）培养一体化设计的实战能力

家具设计是从创意设计想象到设计效果图表现，再到作品实物制作的一系列的设计过程。很多人误认为把创意设计想象以效果图的形式表现出来就完成设计了，其实效果图的表现只是家具设计的一部分，只有通过实际的制作完成作品的实物，才是真正意义上实现了家具的创新设计。因此，家具设计师的创造能力的培养是创新设计一体化综合实践能力的训练，每一个创新构思都要完成设计方案和运用技能手段实现实物效果。

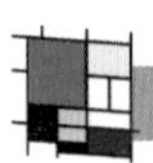

（四）创新设计案例

我们的创新方法有很多，材料的创新随着时代的发展越来越灵活多样，下面的家具都是从材料的环保创新上来设计制作的。

1.虚实结合的大理石+树脂

环保的题材在家具设计领域也一直经久不衰。“Fragment”是首尔设计工作室Fict Studio推出的角形家具系列，主要的材料是废弃的大理石碎片与树脂。这个系列作品里包括凳子、椅子、边桌和托盘，主要的设计点是解决工业大理石废弃物的问题。设计师把矩形体积的灰色大理石和橙棕色树脂结合起来制作家具，通过直角截取拼接等方式形成了极简几何结构，部分作品表面还带有磨砂处理。该设计师接受采访时曾表示希望利用废弃的材料，同时展示“独特的大理石之美”。（图5-11）

图5-11

2.珠光宝气的羽毛+树脂

一位来自英国的擅长镶嵌工艺的设计师——贝唐·格雷（Bethan Gray），用贝壳和羽毛等材料设计了风格华丽的系列家具。贝唐·格雷对材料美学研究有着极深的造诣。在她的作品中可以看到她对每一种材料的排列、镶嵌都

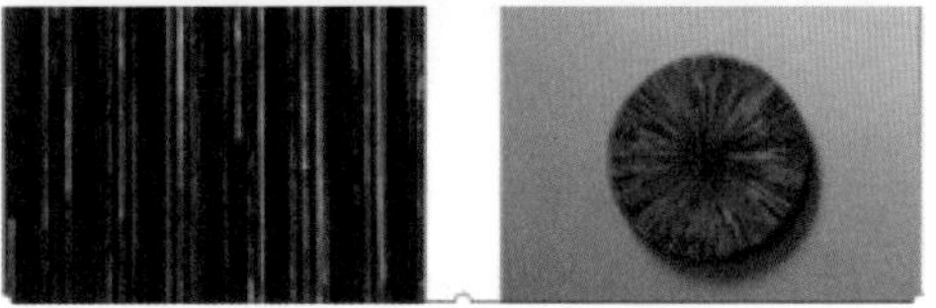

图5-12　绿色款休闲椅

图5-13　蓝色款休闲椅

有着独特的看法，最后展示出了最惊艳的作品。在“废物利用”的主题下，绿色款休闲椅镶嵌的是碎的菲律宾玉石，镶嵌成细细的线条造型（图5-12）；蓝色款休闲椅使用的是废弃的野鸡羽毛，透明树脂层的覆盖为羽毛美丽的色彩镀上了迷人的光泽（图5-13）。

3. 色彩斑斓的聚氨酯粉尘+树脂

七彩斑斓的“Kidger”系列家具是伦敦设计工作室Charlotte Kidger的作品。该作品以废弃的聚氨酯泡沫粉尘为主材，加上树脂材料，作品就被赋予了新的生命。轻质聚氨酯泡沫粉尘是一种不可回收的塑料，只能焚化或填埋。经过多次试验，设计师将70%的废聚氨酯泡沫粉尘和30%的树脂结合，制成了耐用复合型材料。这种复合材料就像木材一样可以被切割、打磨和雕刻，也可以使用数控机床进行加工，也可以通过铸造制作一次成型的三维作品。这些工业废物的重新利用，可以鼓励人们更加重视资源的再生和循环利用，达到环保的目的。（图5-14）

图5-14

第三节　家具设计师基本素质的提升

一、设计个性的养成

（一）信息素养

1974年美国信息产业协会主席保罗·泽考斯基提出了信息素养的概念，他认为信息素养是人们利用信息技术和技能解决问题的能力。1989年美国图书协会扩充了它的涵盖范围，包括文化素养、信息意识和信息技能三个层面。随着计算机网络的发展，世界进入了信息时代，设计师必须与时俱进，提升自己的信息素养，使得信息素养成为自己的必备技能，因此信息素养能力的提升得到了全世界设计师的高度重视。具备信息素养的人能够准确判断出需要什么信息，并且懂得如何去获取信息，如何去评价和有效利用这些信息。在当代信息技术所创造的新环境中，信息素养含义广泛，不仅包括熟练运用当代信息技术获取识别信息、加工处理信息、传递创造信息的基本技能，而且更具有独立自主学习的态度和方法、批判精神以及强烈的社会责任感和参与意识，它是一个综合性概念，是家具设计师必备的能力。

合格的家具设计师信息素养的内在结构和目标体系应该有如下：

第一，具备快捷高效的获取信息的能力；

第二，具备信息评价、选择性批判的能力；

第三，具备吸收、储存和快速提取有效信息的能力；

第四，具备有效表达、创造性使用信息的能力；

第五，具备识别并转化有效信息，快速融入产品开发设计的能力。

一个设计组织可以建立一个超垂直整合的体系，让信息获得的环境建立在充分而且有效的国际网络系统之上。从产品立项、研发设计、实验验证、目标确认，到新品开发、生产工艺的调试、供应链厂商的新品导入、掌握新产品发展的过程与方向，设计者根据上述过程获得的信息形成决策。互联网的出现大大提高了设计工作的便利性，设计过程中，专业CAD支撑的计算机虚拟设计原型可以与订购商、使用者、协作厂商在设计提案上做实时的沟通，并将意见或者结果及时回馈给设计方，这样高效的最佳智能资本设计团队也最具有竞争力。

自从信息化在设计行业快速普及后，各个专业领域发展的核心方向就是数字化和智能化，家具设计领域也不例外。家具的设计与开发是以市场为导向的创造性活动，既需要满足广大消费者的个性化需求，引领消费市场，同时又要满足自动化的高效生产，为企业带来可观的经济效益。

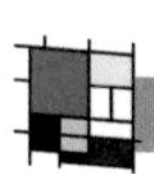

家具设计师介入设计的首要前提就是要全面掌握市场资料，只有获得更全面的市场信息，才能够保证家具产品开发更实用，更有市场，因此家具新产品开发前期最主要的工作就是对市场、营销等部门采集的信息进行归纳整理，做趋势分析和架构设计。家具设计师在信息社会在开发新产品时，需要具备采集和处理大量信息的能力，能够从大量复杂的信息中迅速获取有效的情报，将市场的设计消费、流行情报转化成家具新产品开发设计的创意与定位的能力。设计开发时的信息采集与整理不是盲目的，要善于从浩瀚的信息海洋中迅速获取有价值的信息，可以通过纵横向对比等方式对信息进行准确的分析与定位，才能打好设计的成功的基础。

信息技术的发展是知识经济时代最大的特征。信息技术的发展也让现代设计越来越走向网络化、虚拟化、国际化、个性化、数字化。美国著名未来学家托夫勒曾说:“谁掌握信息技术控制了网络，谁就拥有整个世界。”前信息时代设计师采集信息主要来自两个世界：一个是现实经验的世界，另一个是纸质媒介的世界。而当代信息技术正在创造出一个新的虚拟现实世界，而虚拟现实世界也成为沟通前两个世界的桥梁。

目前，专业信息的载体已经发展到容量大、体积小的电子媒体形态，摒弃了不好保存的纸张存信息的方式。信息载体的变化决定了我们必须采用新的信息搜寻方式。家具设计师们更要善于利用互联网，不仅需要搜寻全球家具设计市场的最新信息和动态，还需要搜集相关的建筑设计、工业设计、平面设计、服装设计、汽车设计、家电设计等大量的相关专业信息，并迅速进行整理与分析，作为新产品开发设计的知识储备。在信息发达的今天，信息搜集可以采用以下方法进行:

1.国际互联网的专业信息搜索与采集

如何在当前快速更新的信息环境下有效地搜寻和采集专业信息，成为一门专业的技能。现阶段世界优秀的家居设计师大都源于欧美发达国家，一个合格的家具设计师必须熟练掌握英语，通过专业的以英语为媒介的国际家具网站来获取最新的咨询和信息。英语基础差的家具设计师，大多是在中文专业网站上搜索与采集专业信息，但由于中文网站信息大多数是相互转载的，理解或者翻译偏差导致转化为中文的第二手信息很难及时跟踪与反映国际设计潮流，导致信息差，最好的办法是直接登录外语专业网站，利用现有的非常方便快捷的金山词霸、金山快译等等外语翻译软件弥补英语短板，就能解决上述问题了。同时，家具设计师应依据自己掌握的设计信息，有针对性地对一些主要设计流派、著名家具品牌设计公司与设计工作室、著名设计博物馆、著名家具展览、著名设计杂志、专业出版社、设计大学分门别类地进行网络搜索与网站收藏，随时浏览查阅，相当于在国际互联网上建立了一个虚拟的数字化专业图书馆，随时随地都可以快速搜索与跟踪全球的最新信设计信息，掌握最有价值的信息资源。

2. 中外专业期刊

设计师要善于分门别类搜集，如从中外专业期刊、设计年鉴、专业制作家具图纸、前沿科技信息、专业专利等途径进行信息搜索，并形成个人的专业资料库，要善于利用前人所创造的文明成果，为自己的设计所用。目前，国外的专业期刊书籍都可以通过中国图书进出口公司与邮局订阅或者书店购买，可以通过及时订阅购买获取最新的专业信息。与专业网站一样，由于现代设计的最新思潮起源于西方发达国家，所以在专业期刊的阅读方面也要特别注意欧美国家的设计杂志。

（二）拥有优秀的徒手作画和软件绘图能力

作为家具设计师要拥有优秀的徒手作画能力，可以简单明了地记录设计灵感、思路，要快而不拘谨，迅速地勾勒出轮廓并稍加渲染，主要是要能够让业内人士看懂。家具设计师还需要掌握一种矢量绘图软件和一种像素绘图

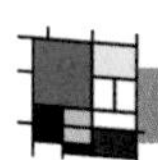

软件，以及一种三维造型软件。出设计稿时提供的设计样图，包括流畅的草图到细致的刻画到三维渲染一应俱全，至少要有细节完备、尺寸精细的图稿，仅仅几张轮廓图是远远不符合绘图要求的。

（三）制作模型的技术

家具设计师在造型形态方面要具有很好的鉴赏力，对正负空间的构建有敏锐的感受能力，并了解现在市场上的各种材料特性，同时了解新型的3D打印等快速制作模型的技巧；具备写作设计报告的能力，要记录设计方案的决策过程；从设计制作到走向市场的全过程应有足够的了解。

二、沟通能力的提升

沟通能力包含表达能力、倾听能力和设计能力。沟通能力是一个人的知识、能力和品德多方面素养的综合体现，关系着设计成败。

（一）职业工作需要沟通能力

各行各业，沟通的技能非常重要。一名能够独当一面的家具设计师，要掌握与人交往的技巧和优秀的沟通能力，能站在客户的角度输出概念和看待问题。

（二）社会活动需要沟通能力

人们在世每时每刻都要与人接触，生活中但凡与人接触都不免要与人沟通。但是，沟通本身也不是非常容易的事。如果不善于沟通，要向他人表达一个意思，始终说不清楚；要为他人办一件好事，可能弄巧成拙；本来想与他人解除原有的隔阂，但可能把关系弄得更僵。所以，现实的社会活动需要有一定的沟通能力。

（三）沟通也是个人身心健康的保证

沟通可以缓解身心压力，保持心理健康。家人间敞开心扉地沟通，即可享受天伦之乐；恋人间心灵沟通，可以品尝到爱情的甘甜。孤独时，沟通会慰藉心灵；忧愁时，沟通会排忧解难。英国著名哲学家培根有句名言：“如果你把快乐告诉朋友，你将获得两份快乐；如果你把忧愁向朋友倾吐，你将被分担一半忧愁。”

有效的沟通需要关注两个核心因素：一是思维清晰，高效率地掌握关键信息，并做出正确的结论，为有效沟通提供充足的先验知识和基础储备。第二是要精准表达，能言简意赅地表达沟通事件的核心意思，让被沟通对象快速接受。两者相辅相成，有了清晰的思维基础，辅以绝佳的语言表达技巧，就能高效地实现传达、说服、影响的结果。沟通是一门学问，也是一门艺术。之所以说沟通是学问是因为任何沟通都是有目的的，把握住沟通的目的，同时有深厚的文化底蕴并掌握沟通的要领，需要练习和实践才能将理解的思想表达出来；说沟通是一门艺术，就是指沟通需要技巧，其中包括语言的、非语言的、外部因素、交流双方对事件的把握度以及使用的态度等等。

人的社会属性刻在骨子里，社会是人类互动的产物。马克思有言，“人是一切社会关系的总和”,“一个人的发展取决于和他直接或间接进行交往的其他一切人的发展”。因此，沟通能力是一个人生存与发展的必备能力，也是获得成功的必要条件。

三、严谨的作风

严谨的作风是做好事情的前提。无论做哪种工作，都要注重细节。

第一，要有敬业而且乐业的精神；

第二，始终保持积极进取的工作态度；

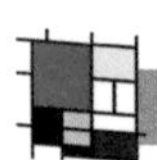

第三，严格遵守单位的规章制度；

第四，不要因为个人情绪影响日常工作；

第五，工作室考虑问题的角度都应先从工作出发。

家具设计师是依据室内空间的规划用途，结合所处环境、用户的要求，契合家具加工工艺及美学原理，设计满足用途的家具产品的专业人员。作为家具设计师更要明确：气度决定格局，工作要有严谨的工作态度，应重视创新素质的培养，自觉提升好奇心、观察力、审美能力等，自觉自愿地反复做正确的事情，才能做好每一次的设计。

第六章

家具设计创新实践

家具设计既是民族的，又是时代的。家具设计的民族特色、时代烙印鲜明，在民族历史发展的不同阶段会看到明显的时代特征，它体现的是一个经济发展阶段该民族设计文化的叠合及承接，也体现出该时代传统设计文化的积淀和不断扬弃的过程，历史性与现实性的对立统一。世界上有多达几千个民族，每个民族都有自己的特色，自然条件和社会条件的千差万别，最终形成不同的语言、生活习惯、思维方式、价值观和审美观念，形成了民族特色文化和独具特色的民族家具及其风格特征。

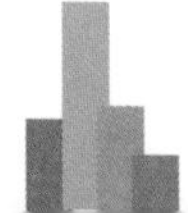

在经济全球化、信息高速传播的今天，开放的设计观冲击着社会结构、价值观与审美观，同时人们需要应对工业文明所带来的能源、环境和生态的危机，这使得家具设计成为特定时代的作品。这是当代家具设计师的挑战也是机遇。

一、家具设计创新实践原则

家具创新设计实践首先要达到四个目标：实用、舒适、持久耐用、美观。这对家具设计行业来说是最基本的要求。

（一）实用

家具的实用性功能首先体现在家具用途定位清晰，产品达到用途要求。比如椅子的基本功能就是必须避免臀部接触到地面，床就需满足既可以坐也可以平躺睡觉且舒适度高的需求。家具的实用功能含义就是要满足被限定的目的。

（二）舒适

家具的实用功能和舒适功能是必不可少、相辅相成的。坐具是生活的必需品，一块石头也能够满足坐具功能，但是坐得不舒服也不方便搬运，然而椅子就能做到既舒适又方便。床要足够高，具有足够的支撑强度与舒适度才能让人拥有足够好的睡眠。因此，“以人为本”的家具才能达到舒适的目的，前面我们说到家具要达到一定的舒适度就必须参照人类工程学的尺度要求来进行设计。

（三）持久耐用

家具是有寿命的，不同家具的使用寿命也各不相同，家具的主要功能和使用寿命之间密切相关。家具设计大师们认为椅子的使用寿命至少是50年。家具耐久性通常被认定为判定质量合格与否的唯一标准，但从设计师的立场看，家具的质量跟设计中各个目标的完美体现都是息息相关的。

（四）美观

家具的美观性是它最先被关注的方面，可以说家具的美观程度极大地影响了家具的市场销售。但是它并不能作为一件好家具的全部评定标准，若是一件椅子做得耐久牢靠，外形十分好看，但是坐着不舒服，也很难卖出去。

因此家具设计的功能、舒适、耐久、美观之间是紧密联系的，高品质家具缺一不可。

以“设计简单而不失尊贵，装饰优雅而不奢靡”闻名的温莎椅历经300年而长盛不衰。温莎椅的特点在于造型独特、稳定、时尚、经济、耐用，因此在经过了漫长的时间考验后得到广大消费者的肯定与认同，时至今日依然给家具设计师们带来深深的启示。“温莎椅”宽大的实木饰面使用户坐下后背部感觉舒适。椅背、椅腿、拉档等部件都采用纤细的木杆旋切成型。椅背和座面充分考虑到人类工程学，强调了人的舒适感。温莎椅可分为低背温莎椅、梳背温莎椅、扇背温莎椅、袋背温莎椅、圈背温莎椅、弓背温莎椅、杆背温莎椅、温莎写字椅和温莎长椅等九种基本形式。（图6-1）

图6-1 温莎椅

1815年希腊人设计制造的克里斯莫斯椅 (Chrestmas) 也是家具中的典型案例，这款椅子深受美国和西欧的年轻人欢迎。从外形上我们经常可以在壶等器皿上看到它的影子，尽管它非常时尚和美观，但是它并非业内的一件高品质的家具。这款椅子之所以没有采用横档的结构，是因为横档跟光滑纤细的腿部连接时并不漂亮，而且椅腿过于单薄，也不能够采用连接件联结，因此，这种椅子即使没有损伤，它的使用寿命也不长。(图6-2)

图6-2 克里斯莫斯椅

二、家具设计创新实践应注意的问题

中国家具行业近年来发展迅速，家具设计水平也在保持中国特色的基础上稳步提高，家具设计师应持续保持谦虚谨慎的工作热情，在提升我们家具设计与开发水平的道路上，快速发现、迅速响应解决家具设计中存在的问题。

一方面，儿童家具设计在现今社会来说非常受关注，但是中国儿童家具在造型、色彩、趣味性等关键要素上变化较少，比较雷同，具有原创性的、闪光点的儿童家具比较少。出现上述问题的主因在于这些儿童家具的设计是成年人揣摩儿童心理后设计的，设计者不是使用人，不能感同身受地反馈使用感受。因此，无论设计师如何高明，其设计构思与儿童心灵诉求初衷不可能完全贴合。虽然国际或者国内家具设计界每年都会有针对儿童需求的调查研究，投入了大量的人力、财力、智力，通过举办各种形式的儿童房设计大赛，希望儿童亲自参与，以便设计更受孩子欢迎的儿童房，但从最终效果看，结果都不太理想，调查问卷往往是父母代填的、参赛作品也大多数由父母或老师指导绘制，往往收效甚微。如何让儿童真正参与设计、关注儿童本身的感受，寻找家具与儿童互动的核心“要点”，打破成人设计儿童家具的局限性，生产出既安全又符合儿童需要的家具，是一个问题。

另一方面比较严峻的问题在于家具行业的知识产权制度不够完善。社会的发展总会有不尽如人意的部分，一些家具企业本末倒置急功近利，把家具生产的重心放在了销量上，畅销产品的抄袭和仿造，严重阻碍了行业的发展步伐，违反了知识产权法律的规定，因而有必要采取严厉的办法加以阻止。近年来，家具协会根据我国专利法和商标法的基本准则，拟定了我国家具知识产权维护法，深圳、北京、顺德、哈尔滨等地的家具协会也都拟定了相应的行规和条约。这也说明家具行业对知识产权的意识在不断提高，现已采取行动维护自己的权益。另外，应加强设计师队伍的建设，拟定相应的资历认证，切实培育设计师，使设计师队伍管理规范化。

三、家具设计创新实践

中国家具的历史非常悠久，夏、商、周时期已经开始有了箱、柜、屏风等家具，不同时代的家具设计风格都不尽相同，各有千秋，尤其以明代家具闻名于世。每一个朝代的更迭都带动了的家具产品发展的变化，每一次家具产品的更新都是家具设计的一次伟大飞跃。

家具设计创新实践要做到结构合理方能成为真正的家具设计实践。家具设计合理的结构、尺度不仅可以增加家具的耐久度、节约原材料、便于机械化生产，而且能有让大多数人接受的外观美，满足消费者的个性化造型艺术。家具的功能要求、材料性质和工艺技术条件决定了家具的内在结构设计的优劣，决定其合理性的必要条件是家具的接合方式、稳定性校核和强度计算、价值分析等方面。

（一）结构设计的合理性

1.接合方式的选择

根据家具制作所使用的各种材料的基础属性——造型形式、强度要求和生产家具的工艺技术条件来确定家具的接合方式。

2.稳定性校核和强度计算

稳定性是指物体一直保持它所处位置的性能；强度是指一个物体抵抗可能引起破坏、弯曲和倾斜的任何外力的性能。传统的家具设计观念认为使家具稳定，应采取加强腿部材料或强化接合的办法；现代家具设计的观念则通过进行稳定性校核和强度计算来确定稳定性。家具的载荷测算分恒载荷和活载荷。恒载荷是计算家具本身的重量，这在家具零件尺寸和材料确定后即可算出；活载荷是测算可能出现在家具上的人或物的重量也就是家具的承重，

可按家具的使用功能进行计算。在家具设计的强度计算中还要考虑活载荷的方向性、冲击性和瞬时性，以及可能引起的滑动或倾覆。家具的稳定性校核主要考虑家具在垂直外力作用下和侧向推力作用下的稳定性问题。家具的强度计算主要考虑零件的强度和零部件之间的接合强度。零部件强度取决于零件的材料性能、材料尺寸和断面形状，接合强度取决于接合方式和材料性能。家具结构设计是否合理、牢固，通过稳定性校核和强度计算来检验，还可以合理选用材料及符合使用要求的截面尺寸，避免造成为了加强稳定盲目增大材料的浪费。

3. 价值分析

家具设计要获得最优良的价值功能：最低的成本、最高的技术手段，必要的零部件、最佳的接合方式，最合理的工艺。零部件的配置、排布是否能保证组成家具最必要的使用功能是价值分析主要应考虑的。最合理的零部件规格尺寸要从造型、功能、强度三个方面综合分析；最简化的结构和接合方式要得到工艺技术条件保证分析；各种材料的理化性能变化对家具的稳定性和强度的影响，采用哪些工艺方法来防止这些变化等，都是需要设计师考虑的价值分析问题。

（二）家具实物制作实践案例

所谓“实践出真知”，以下两组学生分别用不同的材料，纯手工设计制作了两款椅子。在成品出来之后，通过试坐、摔打等方式检验椅子的舒适度、牢固度等四个目标性能。实用功能都不错，女生组椅子更美观，而且因为是钢结构更不容易变形，但是舒适度上男生组更占优势。

1.男生组——实木椅（图6-3至6-5）

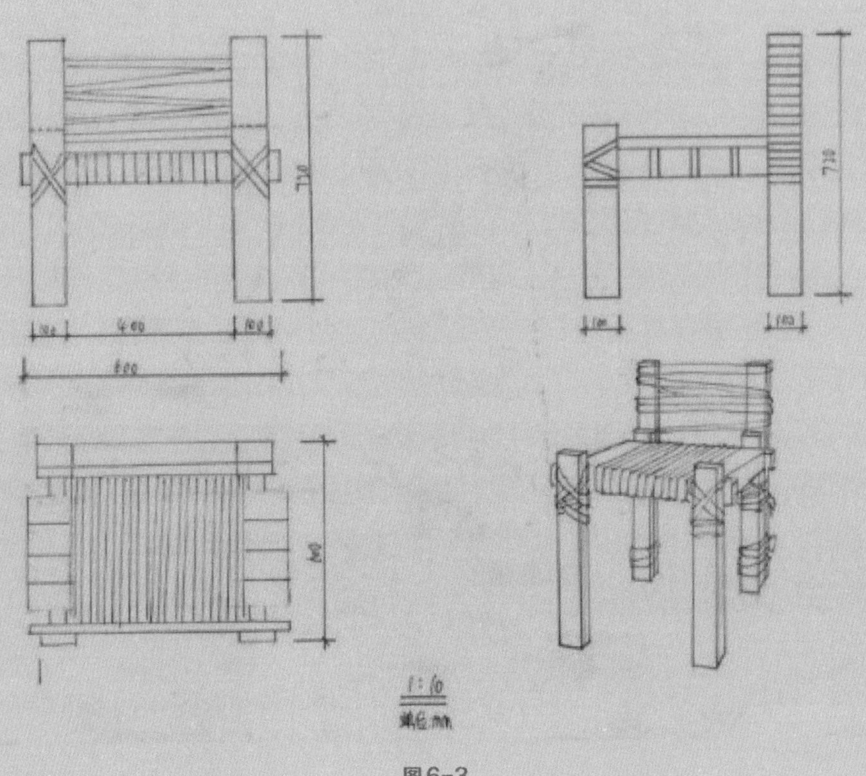

图6-3

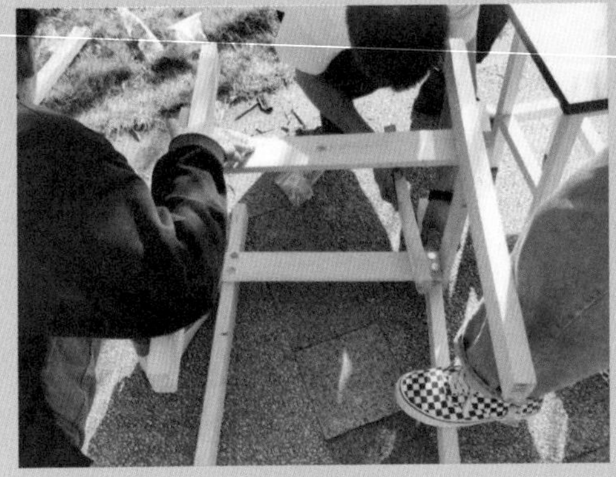

图6-4

图6-5

2.女生组——圈椅（图6-6至6-11）

图6-6

图6-7

图6-8

图6-9

图6-10

图6-11

（三）作品欣赏（图6-12至6-25）

图6-12 3D打印椅子

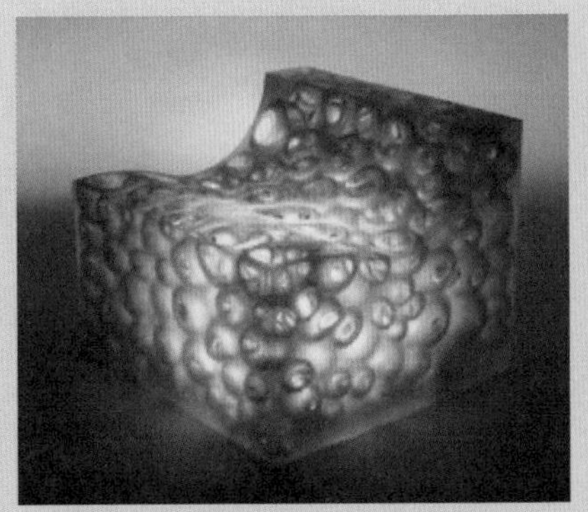

图6-13 树脂椅子

图6-14 蝴蝶

图6-15 蝴蝶椅

图6-16 琵琶

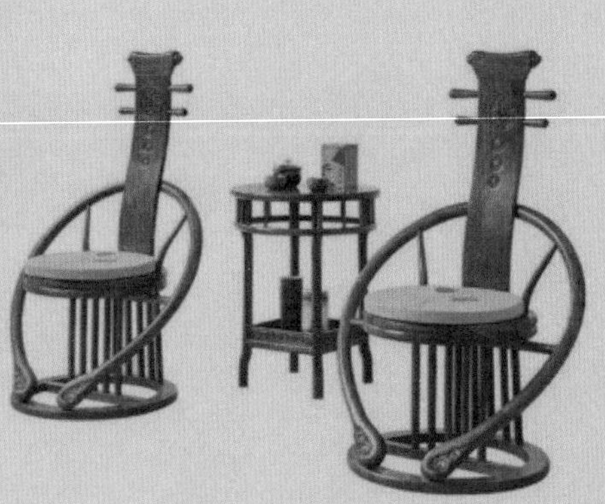

图6-17 琵琶椅

图6-18 藤椅

图6-19　多功能椅1

图6-20　多功能椅2

图6-21　摇椅

图6-22　原生态凳

图6-23　温莎椅

图6-24　模块化墙柜

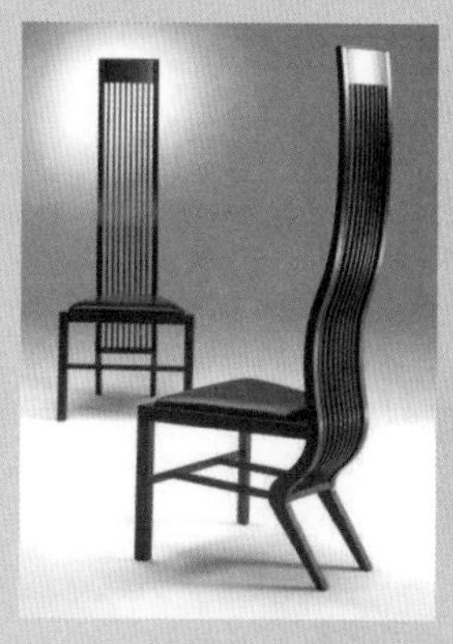

图6-25　高背椅

综上所述，家具设计领域的溢出效应表现在设计的方方面面，优秀的新家具产品投入市场后甚至会影响整个设计领域的设计潮流，并辐射到社会经济发展等领域。争做被模仿者已经成为知名家具企业的目标，希望本书的阐述和分析能让读者更深入地了解价值溢出时代的家具设计。